KB067953

기꺼이 서른을 맞이할 여행

여행업 종사자 청년, 퇴사하고 '진짜 여행'을 떠나다!
26개국 57개 도시 316일 여행기

기꺼이 서른을 맞이할 여행

글·사진 신종혁

harmonybook

서른을 기꺼이 맞이할 여행 - 26개국 57개 도시 여행기

있잖아.

우리는 바쁜 현실에 치여 여행에 대한 갈증을 해소하려 여행책을 읽곤 하잖아?

그러다 문득 이렇게 생각하곤 하지.

이 작가는 정말 운이 좋은 사람인 것 같아. 이런 여행을 할 수 있었으니까.

또는 세계여행한 사람들의 이야기를 들어보면, 모두 특이하고 특별한 사람처럼 느껴지지. 특별한 사람이니 할 수 있는 거지, 라며 말이야.

그런데 나처럼 평범한 사람도 세계여행을 했다고.
누구라도 할 수 있다고 말하고 싶었어.

여행 중에 강도를 만나거나 소매치기를 당하거나 경찰서에 가는 일
도 생기지 않았어. 잔잔하고 평범한 일상처럼 흘러가는 나의 여행, 그
중 찾아오는 소소한 행복들에 대한 이야기를 담고 싶었어.

이건 하루하루를 여행과 일상의 경계에서 살아가는 나의 이야기야.
지극히 평범하지만, 특별한 사람이 되고 싶어 떠난 나의 여행기야.

Contents

Part.9 미주

Part.10 다시 돌아온 태국

Part.1

여행의 시작

승진 발표 날 난 말했다. 퇴사하겠습니다!

누군가 너는 꿈이 뭐야? 하고 싶은 일이 뭐야? 라고 물을 때면 난 여행이 좋아! 여행업을 하고 싶어! 그리곤 돈을 모아서 세계여행을 갈 거야! 라고 말하고 다니는 나를 어느 순간부터 보게 되었다. 그 길로 관광과를 재입학 후 졸업하고 여행업계에서 일하기를 몇 년.

난 여행이 좋아! 라고 말하며, 여행과 항상 가까이에 있는 여행업이 하고 싶었던 나였다. 하지만 여행과 가장 가까우면서도 가장 먼 직업이 여행업이었다. 항상 여행하는 사람들을 보며 일하다 보니 가장 여행이 고픈 직업이라는 생각이 들었다.

그래도 좋아하는 일인데 뭐가 힘들겠는가! 즐겁게 일했다. 그러다 내가 목표했던 세계여행 비용이 완성되었지만 이미 현생에 익숙해진 나는 쉽게 떠나지 못했다. 직장도 직장동료도 좋고 집도 좋고 친구들도 좋고 그냥 이대로의 삶을 사는 것에 익숙해져 떠나지 않고 한 달만 더 한 달만 더 속으로 외치며 살기를 반복했다.

어느 날 회사의 대표님이 나를 호출했다. 승진과 더불어 연봉을 올려주겠다는 내용이었다. 여행업은 박봉이다. 졸업 후 몇 년째 같은 업

11

계에 일하고 있지만 또래에 비해 많은 연봉을 받고 있지는 못했다.

그러던 중 오늘 들은 연봉은 너무 달콤하고 포기할 수 없는 이야기였다. 그 이야기를 듣고 나와 혼자 모니터를 보며 일하는 것으로 보였겠지만 사실 아무것도 보이지 않았다.

책상 앞에 앉아 나에게 딱 한 가지 질문을 던졌다. 지금 너에게 서른이라는 나이가 왔을 때 기꺼이 두 팔 벌려 환영할 수 있어?
고민은 채 3분이 걸리지 않았다. 말하지 않아도 느껴졌다. 아! 지금이 떠날 때구나. 지금을 놓치면 난 현실에 안주하고 평범하고 파도 없는 잔잔한 30대를 맞이하겠구나.

곧장 대표님을 찾아가 말씀드렸다.
퇴사하겠습니다!
당황하시며 이유가 뭐냐고 물어보셨고.
난 말했다. 세계여행을 떠날 겁니다!

앞으로의 이야기는 이렇게 떠나게 된 나의 여행기이다.

여행을 앞두고

– 익숙지 않음을 받아들이다

평소와 다를 것 없이 눈을 떴다. 다른 점이라면 침대를 제외한 나의 자취방이 텅 비어 있다는 점이었다.

그리곤 혼자 나지막이 말했다. 이날이 오긴 오는구나. 어젯밤 이런 저런 생각들에 잠들지 못하고 잠을 꽤 오래 뒤척였다. 이제 곧 주위 사람 다 부러워할 일 년 이상의 장기 여행 떠나는데 무엇이 걱정이라 나는 잠을 못 자는 것일까? 혼자 스스로 물어본 적이 있다. 답은 몇 년 전 3개월간의 유럽 배낭여행과 그다음 해 이탈리아 베니스에서 3개 월간 지낼 때 느낀 향수병에서 찾을 수 있었다. 이 향수병이라는 감정을 몰랐다면 아무 걱정 없이 웃으며 떠날 수 있었을 것이라 생각했다.

하지만… 이미 아는 감정을 어찌 모르는 척할 수 있겠는가. 꽤나 무서운 감정이었다. 그저 한국 가고 싶다는 생각만 들고 절대 그 여행지를 즐길 수 없었고 밤엔 우울감까지 찾아왔다. 그렇다 보니 이렇게 길게 계획한 장기 여행 중 향수병이 오면 어떡하지? 라는 생각이 머리를 떠나지 않았던 것 같다.

하지만 가족, 친구들에게는 티 내지 않고 의연한 마지막 작별 인사를 건넸다. 평일 오후 인천으로 출발하기 전 일하는 가족들을 찾아가

인사를 건넸다.

　나 다녀올게.

　무뚝뚝한 경상도 아들 이번에도 어디 1박 2일 놀러 가는 것처럼 아버지에게 인사를 했다 하지만 역시나 경상도 아버지 그래 다녀와~ 한마디 건넬 뿐이었다. 그리곤 어머니를 찾아갔다. 전라도 출신인 어머니는 아직도 이러한 경상도식 감정표현이 익숙하지는 않으신가보다. 나 다녀올게 하니 아직도 모든 게 걱정인 듯 말은 안 하지만 세상 걱정 가득한 얼굴로 이것저것 이야기하고 싶지만, 아들 가는 마지막 날 행여 잔소리라 느낄까 그래 너라면 잘할 거야라고 할 뿐이었다.
　그리고 돌아 나와 차에 몸을 싣고 떠날 때 문득 그런 생각이 들었다.
　나의 부모님은 다들 박터지게 경력, 학력에 목숨 바치고 있는 28살이라는 나이에 1년 이상의 경력 단절이 있을 수 있음에도 단 한 번도 왜 가려고 하니, 일이나 하는 게 어떻겠니? 라는 말을 단 한 번도 입 밖으로 꺼내지 않으셨다는 걸.
　한 번 더 부모님께 무한한 감사와 경의를 느끼며 나는 인천으로 달려갔다.

　인천까지는 서울에서 일하고 있는 나의 친동생과 함께했다.
　가는 길 5시간 언제 다시 만날지 알 수 없기에 동생과 많은 대화를 나눴다. 앞으로 어떻게 살면 좋을지. 동생의 부러움과 걱정스러움을 느낄 수 있었던 응원까지 그러다 보니 어느새 인천이었다.

공항으로 향하는데 배낭이 어찌나 무거운지 이게 앞으로 내가 1년 이상 지고 살아야 하는 무게라 생각하니 끔찍하기까지 했다.

첫 비행기가 이륙하고 잠시 눈을 감았다.

합류하다

떠나기만 한다면 가장 행복할 것만 같던 이 여행도 도착해 보니 무조건 행복한 감정만 있는 건 아니었다. 그렇게 도착한 대만 타이베이. 설레어야 하는데 그냥 자꾸 어색하고 너무 새로우니 불편한 감정까지 들었다.

유럽과 동남아는 많이 여행한 편이다. 아름다운 풍경을 가졌지만, 택시비가 비싸 길을 잃어도 기본 3km는 걸어 다녀야 했던 불편한 유럽과 물가가 저렴하다 보니 택시, 음식 등 원하는 걸 다 할 수는 있지만 유럽의 감성은 부족한 동남아.

난 그 둘의 딱 중간에 놓인 나라들을 좋아하는 편은 아니었다.

예를 들어 일본, 대만, 홍콩 같은 나라들이었다.

물론 동남아도 일본도 대만도 유럽만큼 예쁘다는 것을 안다. 하지만 심적으로 유럽은 유럽이니까! 비싸도 이해해야지, 내가 걸어야지 하며 당연히 여길 수 있었다.

그게 아시아권으로 오면 잘 안되는 듯했다. 분명 동남아와 같은 아시아인데. 음식도 택시비도 동남아와 비교했을 때 너무 비쌌던 것이다.

그러다 보니 자꾸 불편한 나라야! 라고 자꾸 혼자 생각하고 있는 듯했다. 하지만 어쩌겠는가. 새로움에 익숙해져야지 불편함을 받아들여야지 이렇게 마음을 다잡고 대만에서의 첫 잠자리에 들었다.

'둘째 날이 되고' 난 지우펀으로 떠났다. 떠나는 길이 어제와 다르게 느껴졌다. 대만의 매력이 느껴지고 이제야 대만 만의 매력이 조금씩 느껴지기 시작한 것이다. 아. 불편함이든 새로움이든 결국 그 나라가 원래 불편한 게 아니라 그냥 내 마음이 받아들일 생각을 안 했던 거구나.

센과 치히로의 배경으로 유명한 지우펀을 보기 위해 난 버스를 타고 구불구불한 길을 지나 한참을 달려 도착할 수 있었다. 도착하니 마침 비가 오는 것이다.

하지만 이미 긍정적으로 변한 나를 비 따위가 이길 수 없었다. 비가 오니 사람이 없어서 더 조용한 지우펀을 볼 수 있을 거야!! 라고 생각하며 바로 편의점으로 달려가 우비 하나 사곤 골목으로 들어갔다.

내가 본 지우펀은 사진이나 매체에서 보던 것보다 훨씬 예뻤다. 비가 와서 사람도 없었으며 안개가 살짝 지며 지우펀의 풍등 빛이 은은하게 비치며 어디선가 센과 치히로가 튀어나올 것 같은 풍경이 내 눈앞에 펼쳐졌다. 난 한동안 떠나지 못하고 그곳을 멍하니 바라봤다. 그리곤 떠나고 싶어질 때까지 어딘가 머물러도 되는 기약 없는 장기여행자의 대열에 합류했음을 비로소 느끼게 됐다.

Part.2

베트남

갑작스러운 성탄절

베트남의 첫인상은 내가 생각하는 동남아 와 비슷하면서 달랐다. 태국이랑 비슷하겠지 뭐 하며 도착한 하노이 맥주 거리 카오산로드는 저리 가라 할 정도로 미친 듯한 소음과 클럽의 음악 소리 또 호객꾼이 공존하며 서로 뒤엉켜 있었다.

밤은 늦어졌지만, 이곳은 대체 언제 끝날까 오늘 안에 끝은 날까? 생각하고 있던 찰나에 경찰차의 사이렌 소리가 멀리서 들려왔다. 그러자 모든 가게가 갑자기 테이블을 정리하고 음악을 끄고 가게 셔터를 닫는 것이었다. 이게 뭐야?? 당황하며 주위를 둘러보니 아무도 신경 쓰는 사람이 없었다. 다들 테이블이 처음부터 없었다는 것처럼 그냥 손에 맥주를 들고 춤추고 또 누군가는 키스를 나눴다.

이런 게 너무 생소했다. 공산국가 공안의 힘은 이 엄청난 인파의 술집 골목 전체를 닫아버리는구나?

하지만 그런 생각을 채 끝내기도 전에 경찰차가 멀어지자 다시 셔터가 열리고 직원들은 일사불란하게 테이블을 제자리로 돌려놨으며 다시 엄청난 음악 소리가 다시 시작되고 언제 그랬냐는 듯이 사람들은 오늘이 인생의 마지막 날인 것처럼 다시 즐기기 시작했다.

그렇게 자유로워 보이면서도 강력해 보이는 공권력 그사이의 나라에 내가 왔구나?

익숙하면서도 새로운 나라에서의 첫날밤이 저물어 갔다.

다음날 눈뜨고 핸드폰의 시계를 보는데 놀라야 했다.

크리스마스였던 것이다! 장기 여행을 하다 보면 참 요일, 날짜에 무뎌진다. 내일 무엇을 할지도 모르는데 내일이 무슨 요일 일지 어떤 날일지 왜 궁금하겠는가 그렇게 갑작스럽게 크리스마스를 맞이한 나는 급하게 호스텔 밖으로 뛰어나갔다.

사람들은 저마다의 방식으로 이미 크리스마스를 즐기고 있었다. 마치 너 크리스마스를 즐기기엔 너무 늦게 알아버렸어! 라고 말하고 싶은 것인지 다들 누군가의 손을 꼭 잡고 거리를 걷고 있었다. 그렇게 생애 처음으로 혼자서 크리스마스를 보내겠구나라는 확신을 느꼈다. 그리곤 여행자가 어딜 가겠는가 평소와 같이 카페로 향했다. 길거리에 형형색색의 낮은 의자들에 앉아 연유 가득 들어간 커피 카페쓰어다를 쓸쓸하게 들이켰다. 아니 분명 커피는 달았겠지만 쓰게만 느껴졌다.

그렇게 해가 저물고 결심했다. 이렇게 혼자라고 우울하게 있을 수만은 없어! 나에게 선물을 줘야겠어. 라고 되뇌며. 그간 비싸다는 이유로 외면했던 한식당으로 발걸음을 옮겼다. 한식당 앞에 도착했을 때 한 번 더 낙담해야 했다.

앞에는 셔터가 내려져 있는 불 꺼진 가게만 있었기 때문이다. 앞에서 가지 못하고 가게를 멍하니 바라만 보고 있는 나를 보고 한국 사람과 베트남 사람으로 보이는 두 남자 중 한국인으로 보이는 사람이 말을 걸어왔다.

제가 직원인데 오늘은 마감해서 영업 끝났어요! 네, 감사합니다. 아쉬운 마음을 뒤로 하고 뒤돌아 가려는데 다시 한번 말을 걸어왔다. 혼자 여행 중이신 거예요? 그러신 거면 저희랑 같이 노실래요? 저희도 크리스마스에 불러주는 이 하나 없는 이방인들이거든요. 혼자인 사람들끼리 뭉치면 저희도 혼자가 아닌 게 되잖아요?

그렇게 우린 크리스마스 날 혼자가 아닌 셋이 보내는 행복한 사람이 됐다. 그리곤 이런 날 밖은 위험하다며 술을 사와 닫혀있던 셔터를 다시 올리고 들어가 다시 셔터를 닫았다.

기분이 이상했다. 밖은 엄청난 인파와 음악 소리로 가득했는데 안은 고요했고 해외에선 느낄 수 없던 아늑함 마저 느껴졌다.

그리곤 우린 우리만의 파티를 시작했다. 밤새 술을 마셨고 평소엔 못 느끼다가도 이런 특별한 날들이 찾아오면 혼자라는 생각을 피할 수 없는 이방인인 우리는 서로를 각자만의 방식으로 위로했다. 그리곤 난 그날 후에도 선물 같은 며칠을 그들과 함께 보내다 다낭으로 떠났다.

어색한 동거의 시작

사실 급하게 다낭행을 선택한 건 어릴 적부터 지금까지 함께 하는 친구 동현이 날 보러 놀러 온다는 전화를 받고 나서였다. 현재 하노이에 있으니, 여기로 와! 라고 할 수 있었지만 회사 생활에 찌든 친구를 정신없는 대도시가 아니라 휴양지에서 쉬게 해주고 싶었다. 그렇게 우린 공항에서 마치 어제 본 것처럼 덤덤한 포옹으로 그간의 안부와 인사를 대신했다.

호텔수영장에 몸을 반쯤 담그고 뭘 어떻게 재밌게 놀아볼지 궁리를 시작했다. 고민하며 몇 가지 안이 나오다 우리 호이안 가는 게 어떨까? 라고, 조심스레 친구가 오기 전 어디를 가면 좋을지 찾아본 곳 중 하나를 말했다.

다음날 바로 오토바이를 빌려 호이안으로 떠났다. 사실 이 시기는 베트남의 우기이다. 하지만 우린 알면서도 오토바이를 빌리며 말했다. 비 맞으며 달리는 것도 낭만이지 않겠어? 동현 역시 말해 뭐하냐는 듯이 웃어 보였다.

그리곤 우린 서로 앞치락 뒷치락 달리다 완벽한 날씨와 완벽한 시골 뷰에 난 친구에게 나 너무 행복해!! 라고 외쳤다 하지만 오토바이 소리에 묻혀 듣지 못한 친구는 뭐라고?!! 라고 했지만 다시 말하지 않았다. 이미 친구의 행복해하는 표정에서 나와 같은 감정을 느끼고 있다는 것을 말하지 않아도 알 수 있었기 때문이다.

그러기를 잠시 우리의 행복을 시샘하기라도 한 듯 억수 같은 비가 내리치기 시작했다. 오토바이의 속도까지 더해지니 빗방울이 쉼 없이 얼굴을 때리는데 아프기까지 했다.

하지만 비야 더 더 내려 봐라 우리가 우울해하나 라고 말하고 싶은 듯 여전히 서로 비 맞은 생쥐 꼴을 비웃으며 함박웃음을 지어 보였다. 그렇게 호이안의 코코넛 배 타는 곳에 도착하자마자 우린 시원한 콜라 한잔이 절실했다. 콜라 있어요? 주인 할머니께 여쭤보는데 고개를 저으며 손가락으로 하늘을 가리켰다.

응?! 하늘을 왜. 당황하기도 잠시 베트남 할머니의 손이 가리키는 곳을 바라봤다. 거기엔 야자수 나무 끝에 달린 코코넛만 있을 뿐이었다. 아, 설마 저거 먹으라는 거야? 그간의 여행에서 코코넛을 먹은 적이 몇 번 있었다. 하지만 한 번도 맛있다고 느낀 적이 없는 음료였다. 그렇게 달지도. 또 그렇게 시원하지도 않은 그런 맛. 하지만 이미 우린 비 맞으며 몇 시간을 달리느라 물 한잔 못 먹었더니 그 코코넛이라도 절실했다.

그럼 코코넛 두 개 주세요! 하자 할머니 아들로 보이는 사람이 성큼성큼 나무 앞으로 다가가 엄청 긴 막대로 코코넛 두 개를 너무 손쉽게 바닥으로 떨어트렸다. 그리곤 다음은 할머니의 차례인가보다. 엄청나게 크고 무섭게 생긴 칼로 코코넛을 사정없이 두드렸다. 그리곤 하나씩 빨대를 꽂아 웃음과 함께 건네셨다.

뭐 얼마나 맛있겠어! 하며 한입 먹는데 응!? 정말 눈이 휘둥그레지

는 맛이었다. 너무 달고 시원했다. 이걸 왜 싫어했을까 하며 그간 매일 코코넛 노점상을 눈길도 안 주고 지나쳤던 순간을 후회하며 손에 코코넛을 꼭 쥐고 코코넛 바구니 배에 몸을 실었다.

바구니 배는 마치 에버랜드의 아마존익스프레스를 떠오르게 했다. 길고 긴 아마존 같은 곳을 물길을 따라갔다. 그리곤 넓은 공간이 나오곤 엄청나게 큰 노랫소리가 여러 군데서 들리기 시작했다.

각 배의 손님 국적에 맞춰 각 나라의 유행하는 노래들이 나오고 춤을 추고 있었다. 이걸 우리가 빠질 수 있을쏘냐 도착하니 한국노래는 트로트 무조건이 나오고 있었고 단체 관광 오신 듯한 다른 바구니 배에 있는 한국아주머니들과 대결하듯 춤을 췄다. 그리곤 배에서 내려 호이안의 밤을 느린 걸음으로 산책하다 다시 끝없는 길을 달려 돌아갔다.

그런 생각이 들었다. 항상 혼자의 여행이 편하고 좋아 라고 생각하고 친구와의 해외여행 한번 안 한 내가 바보 같았다. 무언가를 보고 무언가를 먹고 할 때 그때 나의 감정을 공유할 수 있는 친구와 함께 다닌다는 것은 행복한 일이구나 라고 말이다.

물론 혼자 있을 때보단 생각해야 할 것도 많아지고 혼자였다면 하지 않아도 되는 배려라는 것도 해야 하니 전혀 피곤하지 않은 일은 아니다. 하지만 앞으로 나의 여행에선 약간의 불편함 따위가 누군가와 함께하는 여행을 망설이는 이유가 되지 않을 것이라는 확신이 들었다.

Part.3

라오스

배낭여행자가 되다

방콕으로 가는 버스 안이었다. 캄보디아 여행을 끝내고 나에게 주는 휴가 같은 휴식을 했던 파타야를 지나 방콕으로 가는 중이었다. 태국은 마치 제2의 고향 같은 느낌을 주는 나라였다.

2015년 첫 번째 태국 여행 이후 10번도 넘게 간 태국은 씨엠립에서 파타야로 향하는 8시간 버스조차 전혀 힘들게 느껴지지 않았으니 말이다.

사실 이렇게 빨리 태국으로 들어가고 싶지 않았다. 동남아 여행을 충분히 하고 지쳤을 때쯤 나에게 선물로 주고 싶은 나라이기 때문에. 하지만 역시 여행이란 건 참 내 맘대로 되는 건 없다. 씨엠립에서 라오스로 가는 버스가 20시간도 더 걸리고 버스가 확실히 있는지조차 애매한 상황. 하지만 확실한 건 방콕에서 라오스로 가는 기차가 있다는 것.

그래서 모험 같은 여행 중이지만 도박하기보단 안전하게 방콕에서 라오스로 가기로 마음먹은 것이었다.

방콕에서 숙소 찾기는 식은 죽 먹기였다. 항상 같은 숙소를 다니는 나이기에. 이러한 안정 추구형이 세계여행이라니 내가 봐도 우스운 일이었다. 평소처럼 게스트하우스로 들어가 사장님과 자연스러운 인사를 나눈다. 요새 자주 나온다? 이번엔 아주 질릴 때까지 여행해보려고요!

그리곤 키를 받아 짐을 던져놓고 나와 1층 야외테이블에 앉아 지나가는 사람 구경을 하며 맥주 한 병 먹는 게 일상이다. 이상하게 이런 쳇바퀴 같은 일상이 나에게 안정감을 준다. 뭔가 특별히 재밌지 않아도 뭔가 특별한 일이 일어나지 않아도 내가 방콕에 있음에 또 이 여유로움을 충분히 만끽하고 있음에 만족이 되는 삶이었다.

뭔가를 하지 않는 방콕에서의 일상에도 의도치 않게 재밌는 일이 벌어지기도 한다. 마치 방콕이 나에게 선물을 주듯 말이다. 매일 같은 일상이 반복되던 어느 날 카오산로드에서 중학교 수학 선생님을 하고 있다는 정영 형을 만났다.

혼자서 하는 해외여행은 처음이라며 모든 것이 신기하다는 듯 주위를 두리번거리곤 했고 또 이건 뭔지 저건 뭔지 지나가는 노점상 등 모든 것들을 질문하곤 했다. 그 모습이 마치 내가 약 8년 전 처음 태국 여행을 했을 때의 모습을 떠올리게 했다. 그래서인지 이것저것 보이는 것들에 대해 설명해 주기 시작했다. 사실 태국이 익숙해질 만큼 오고서는 누군가에게 태국이 몇 번째인지 또 얼마나 알고 있는지 말하지 않기 시작한 나였다. 태국은 진입장벽이 낮은 나라이다. 누구든 조금 마음만 먹으면 갈 수 있는 그런 곳이기에 요즘 태국을 가보지 않은 사람을 찾기 힘들 정도이다. 그렇다 보니 요즘 태국 여행하는 사람들 사이에서는 여행 꼰대라는 단어가 유행이다. 태국 여행을 와봤던 이들이 처음 오는 이들에게 자기 방식의 여행이 맞는 여행인 양 떠들어대는 모습과 물어보지 않았는데 오늘은 여기 가라, 저기 가라 하는 모

양새가 전혀 좋아 보이진 않았다. 여행에 정답이 어디 있는가. 본인이 하는 여행이 정답이 아닐까. 또 나의 그러한 행동, 언행으로 그 처음 온 여행자의 하루를 망치게 할 수도 있지 않은가. 그런 내가 먼저 신이 나서 처음으로 누군가에게 이것저것 설명해 주고 있었다.

그런 기분이었다. 나의 처음 태국 여행에서 아무것도 모르던 나와 함께 해주었던 동행들처럼 나도 이 사람의 첫 태국 여행에서 도움이 될 수 있지 않을까. 또 어쩌면 이번 태국 여행에 좋은 동행이 생길 수도 있을 거 같다는 생각. 나보다 나이가 많았지만, 모르는 부분에 있어 물어봄을 부끄러워하지 않았고 주저하지 않는 사람이었다. 또 나에겐 없는 수차례의 여행으로 조금은 식어버린 여행의 설렘을 그대로 가지고 있는 사람이었다.

그렇게 각자 어제 보낸 카오산로드의 밤과 다르게 함께 라 더 즐거운 밤을 보냈다. 미친 듯이 춤추기도 했고 춤추다 지쳐 지나가는 사람들을 멍하니 바라보기도 했다.

멍하니 바라보는데 같은 펍에서 우리처럼 미친 듯이? (카오산을 제대로 즐기고 있는 이 좀 더 나을지도 모르겠다.) 춤추고 놀고 있는 한국 여자 두 명을 만났다. 가볍게 인사를 나누고 둘이 제주도 한 달 살기를 하다 만났다는 이야기 정도를 나누곤 헤어졌다. 물론 이 인연이 라오스까지 이어질 거라는 걸 모른 채 말이다.

다음날이 밝았고 정영 형을 다시 만났다. 뭔가 나만의 태국 비밀 맛집! 이런 건 없었다. 그냥 가볍게 지나다 보이는 식당에서 밥 먹고 커피를 마시고 시답지 않은 농담을 주고받을 뿐이었다.

그러다 나의 다음 여행지에 관해 이야기가 나왔다. 라오스 가려고 방콕으로 들어온 거라 내일 떠날 거라는 말을 했다. 그리곤 은근슬쩍 비행기 표 찢고 라오스에 가지 않겠냐는 말을 끼워 넣었다. 진심 반 농담 반이었던 말에 진지하게 고민하는 듯 보였고 이내 나의 말은 현실이 되었다. 살면서 이렇게 갑작스럽게 뭔가의 일정을 바꾸고 계획을 바꿔본 적이 없다는 말이 무색하게 덤덤하게 가족들에게 전화로 사실을 전하고, 비행기 표를 나중으로 미뤄뒀다. 칭찬해야 했다. 배낭여행은 처음이라 했지만 비행기 표를 찢어봤으니 벌써 배낭여행자가 다 된 거라고.

표면적으로 배낭여행자가 된다는 것은 어렵지 않다.

배낭 하나 또는 캐리어 하나 끌고 나와 여행하면 누구든 배낭여행자가 된다. 하지만 내가 말하는 배낭여행자는 배낭에 용기를 가지고 떠나온 여행자를 말하고 싶다. 대부분의 사람은 자기가 컨트롤 가능한 범주에서 살아간다. 또는 살아가고 싶어 한다. 하지만 여행하다 보면 갑작스럽게 새로운 어딘가를 가보지 않겠냐. 또는 여행지 어디가 좋더라. 라는 말을 종종 듣곤 한다. 아니 꽤 자주 일지도. 그럴 때 갑작스럽게 새로운 환경에 노출된다는 게 부담스러울 수도 있겠고 무섭고 걱정도 될 수 있겠지만 한 번쯤은 훌쩍 따라나설 수 있는 여행자가 되어보는 것도 꽤 유쾌한 일일지도 모른다.

시끌벅적 4인조 여행단

라오스 방비엥에 위치한 사쿠라바의 시끄러운 음악 속 안이었다.

정영 형과 나는 비엔티안을 지나 방비엥 최고의? 펍 사쿠라바에 있었다.(한국인에게만 유명한 것일지도 모르겠다.) 여기서 우리는 우연히 방콕 카오산로드에서 만났던 한국 여자 두 명을 다시 만났다. 2년 반을 세계여행 했었다는 나혜, 이제 막 배낭여행자 대열에 합류한 듯한 은선 그렇게 우리는 처음엔 모두 혼자 하는 여행이었지만 둘이 되었다가 넷이 되었다. 그냥 마주쳤다고 함께 여행할 수 있는 건 아니었다. 혼자서 시작했기에 자유로운 영혼들이었다. 이런 이들이 뭉치려면 서로가 잘 맞아야 한다. 사쿠라바에서 열심히 놀던 우리는 술 주문하는 곳 메뉴판 밑에 있는 글자 하나를 보게 되었다. 칵테일 두 잔에 8,000원! 두 잔 마시면 사쿠라바 민소매 티가 공짜!! 헐! 술은 내가 먹는데 민소매까지 준다고? 거기다 민소매 너무 힙 한데? 라고, 생각하는데 나만 그런 게 아니었나보다. 이미 은선은 그 민소매를 입고 있었다. 옆에서 나혜는 나도 살까 말까 이미 고민에 빠져있는 듯했다. 말하지 않아도 같은 것을 보고 같은 생각을 한다고 느꼈다. 이때부터였을까. 우리 좀 잘 맞을지도? 라고 생각한 게.

다음날부턴 우린 항상 함께였다. 처음엔 강가에서 카약을 타는 사람들이 부러워 카약을 타고 내려오다 그런 생각이 들었다. 이거 너무 힘든데? 끝이 없는 강을 따라 노를 젓는 것은 전혀 쉬운 일이 아니었다. 역시 멀리서 보면 희극이고 가까이서 보면 비극이야라는 혼잣말을 하다 방비엥 강가를 튜브에 의지해 맥주 하나 들고 둥둥 떠다니며 강의 하류까지 내려가는 사람들을 보았다. 저거야! 이렇게 힘든 거 말고 그냥 저렇게 둥둥 떠내려가는 난 저런 게 하고 싶었던 거야!! 라는 생각이 들어 바로 다음 날 행동에 옮겼다. 방비엥 시내에서 튜브를 빌리고 강의 상류로 올라갔다. 그리곤 어제 보았던 사람들처럼 맥주 하나 손에 들고 둥둥 떠내려가기 시작했다. 따가운 햇살 따위는 우리를 이기지 못했다. 몸이 힘들지 않으니 우린 서로와 눈이 마주칠 때마다 웃음이 터져 나왔고 노가 없으니 물살에 서로가 멀어질 때면 넷이 손을 잡고 둥둥 떠내려갔다. 이것이 신선놀음이라는 것 인가? 그러다 중간중간 엄청난 노랫소리와 함께 강가에 노점 펍들이 줄지어 있었고 많은 여행자가 춤추고 맥주를 마시고 저마다의 방식으로 즐기고 있었다. 우리가 어떻게 참을쏘냐. 물살을 거슬러 올라가 우리도 그들과 같이 맥주를 들고 춤추다 다시 떠내려가기를 한참을 아니 너무 한참을. 이 역시도 멀리서 보면 희극이었고 가까이서 보면 비극이었다. 생각해보니 참 바보 같았다. 카약을 타고도 상류에서 방비엥 시내가 있는 하류까지 몇 시간이 걸렸는데. 그걸 튜브를 타고 떠내려갈 생각 하다니. 자포자기의 심정으로 떠내려가고 있는데 강변에 플라스틱 맥주 박스에 앉아 맥주를 마시고 있는 라오스 사람들이 우릴 부르기 시작했다. 너! 힘들지? 알아! 그냥 여기 와서 우리랑 맥주나 마시자! 사실 이렇게 말하지는 않았을지도 모른다. 우리에게 오라고 손짓과 함께 뭐라 말하는 것 같았지만 거리도 멀었고 라오스어를 모르기에 하지만 그렇게 듣고 싶었다.

  하지만 더 이상 떠내려갈 힘도 없었기에 손 흔드는 친구들에게로 향했다. 가니 분명 처음 보는 사람들이었지만 하나는 확실히 느껴졌다. 이건 환대였다. 일면식도 없이 그냥 강가를 튜브를 타고 떠내려가고 있는 우릴 보고 불러서 오자마자 앉아있던 맥주 박스에서 맥주를 꺼내주었다. 환한 미소와 함께 어떻게 이럴 수 있을까. 너무 고마운 마음이 들면서도 나는 한국에서 이렇게 모르는 이를 아무 이유 없이 조건 없이 나의 것을 나누어주면서까지 환대 할 수 있을까라는 생각이 들었다. 거기다 라오스의 맥주가 물가 대비 저렴하다고 볼 수도 없었다. 현지식당에서 먹는 밥 한 끼 가격과 그렇게 큰 차이가 없었다. 하지만 이 친구들은 대화도 잘 통하지 않는 내가 맥주를 비울 때 마다 나보다 더 좋아하며 다음 잔을 채울 준비를 했다. 그렇게 한참을 웃고 떠들며 맥주를 마시다 언제 다시 보자는 말조차 없이 웃으며 포옹으로 인사를 대신하고는 다시 튜브에 몸을 맡겼다. 그리곤 혼자 튜브에 누워 따가운 햇살에 눈을 손으로 가리며 생각했다.

  여행은 혼자 하지만 혼자 하는 것이 아닌 거 같아.

  결국 다시 혼자가 되겠지만 어떤 날은 둘이 되었다 넷이 되기도 하고 또 누군가의 의도치 못한 환대를 받기도 하니까. 정말로 모든 여행을 혼자 해야 했다면 긴 장기 여행은 불가능했을 거야 라며 말이다.

한국인은 안 가는 라오스 시골 마을

꽤 오랜 시간 방비엥에서 며칠이나 있었나 모두가 헷갈릴 때쯤 나혜가 이야기를 꺼냈다. 우리 라오스 시골 마을 가보자!

라오스는 한국인들의 국민 루트가 있었다. 비엔티안에서 방비엥 그리고 루앙프라방까지 이어지는 딱 한국인들의 짧은 휴가에 가기에 안성맞춤인 동선과 일정 이미 여행자가 많아 여행인프라가 잘되어 있는 고민할 필요가 없는 루트였다.

하지만 우린 언제 돌아갈지 모르는 여행자들 아닌가. 마침 방비엥이 조금은 무료해질 시점이라 모두 고민도 없이 오케이 했다. 최종목적지는 무앙응오이 정말 생전 들어본 적도 없는 곳이다. 그저 나혜가 보여준 너무 예쁜 산과 강 사진 하나 보고는 가기로 결정했다. 거기다 코로나로 인해 기존 블로그나 정보들이 최신화 되어있지도 않았다. 코로나로 인해 많은 여행지에 이동 편이 없어지거나 바뀌었지만 이제 막 위드코로나가 시작되던 시점 그런 시골 마을까지 여행하고 블로그에 올리는 사람은 아직 없던 시점이었다. 없는 정보를 모아 알아낸 거라곤 방비엥에서 기차를 타고 무앙싸이까지 그리고 다시 버스를 타고 농키아우까지 거기서 다시 배를 타고 한 시간을 가면 무앙응오이라는 마을이 나온다는 것뿐이었다.

하지만 모두가 알았다. 가면 다 방법이 있을 것이라는 걸 우린 바로 짐을 싸곤 체크아웃했다. 모두 배낭 하나 달랑 들고 다니는 여행자라 짐을 싸는데도 10분이 걸리지 않았다.

그리곤 기차표를 사고 우린 기차에 몸을 실었다. 라오스의 기차역과 기차는 내가 생각한 라오스와는 너무 이질감이 들었다. 중국의 일대일로 정책으로 중국 자본으로 지어진 중국풍의 기차역과 기차. 기차 안에도 기차역에도 중국어가 가득했다. 기차의 승객들마저 중국인들이 대부분이었다. 이 기차가 루앙프라방을 지나 중국까지 간다고 한다. 안타까웠다. 라오스만의 느낌, 감성 이 전혀 느껴지지 않았다. 마치 우리나라 같았다. 무자비한 개발로 한국스러운 건물들은 사라지고 콘크리트로 특색과 역사를 잃어버린 건물들만이 무성한. 그런 개성 없는 도시 한국스러운, 우리만의 특색 있는 곳은 찾아서 가야 하는 우리처럼 될까 봐 아쉬운 마음마저 들었다.

특색 없는 기차 안을 보기보단 라오스만의 자연이 보이는 밖을 바라보기를 두 시간여 우린 무앙싸이에 도착해 다시 농키아우로 가기 위해 기차역에서 툭툭을 잡아타곤 버스터미널로 향했다. 그런데 계획 없는 여행엔 항상 크고 작은 문제들이 따라다닌다지만 문제가 생각보다 일찍 발생했다. 매표소에서 농키아우 가는 버스를 타고 싶다고 했으나 버스가 없어졌다는 것이다.

매표소 아줌마는 건조한 말투로 농키아우 가고 싶으면 팍몽(Pakmong)이라는 도시로 갔다가 거기서 농키아우로 가는 버스를 타! 거기다 현재 시각 오전 10시 버스 시간은 오후 2시가 유일했다. 어쩌겠는가 기다려야지. 인고의 기다림 끝에 온 버스는 버스가 아니라 한국의 아주 오래된 미니밴. 자리도 없어 모든 짐은 차 천장에 달리다 떨어지지 않을까 싶게 얇은 줄 몇 개로 고정한 위태로운 모습이었다.

그리곤 닭장의 닭처럼 사람을 가득 태운 미니밴은 구불구불한 시골 길을 엉덩이에 감각이 없어질 때까지 달렸다. 그리고 휴게소랍시고 들린 곳은 흙바닥에 간이 화장실 하나 또 천장만 철판으로 겨우 있는 노점 하나 달랑 있는 곳이었다. 뭐 좀 간단하게 먹어볼까 들린 노점에는 쥐, 족제비가 그냥 죽은 채로 나열 또는 천장에 매달려 있었다.

그러던 와중 같이 타고 온 라오스 친구들도 농키아우까지 간다는 이야기를 들었다. 그리곤 우린 국가를 초월한 회담에 들어갔다. 버스 기사한테 돈을 조금씩 더 주고 그냥 바로 농키아우까지 가달라고 하자! 가 안건이었다. 우린 치열한 협상 끝에 합리적인 가격으로 농키아우까지 갈 수 있었다.

농키아우에서 우린 며칠 지내다 무앙응오이로 갈 예정이라 이젠 다음 퀘스트로 숙소를 구하는 일이었다. 물론 부킹닷컴, 아고다 등으로 미리 예약할 수도 있지만 오늘 내가 잘 곳이 어디일지도 모르고 향하는 여행 역시 꽤나 설레는 일이라는 걸 알기에 미리 예약 따위는 하지 않았다. 발품을 팔아 숙소를 구하러 다녔다. 큰 배낭을 메고 숙소마다 문을 두드리며 방은 있는지 가격은 저렴한지 찾는 건 꽤나 피곤한 일이었지만 우린 몇 군데의 문을 두드린 끝에 맘에 드는 숙소를 찾았다. 사실 숙소가 마음에 든다기보다는 가난한 배낭여행자가 묵기에 가격이 맘에 드는 숙소를 찾았다. 샤워기에서는 차가운 물만 나와 온수 샤워는 꿈도 못 꾸지만, 한방에 5천 원 둘이 쓰니 인당 2천5백 원이면 마음이 따듯해지는데 뭐가 찬물 샤워가 뭐가 대수이겠는가.

각자의 배낭을 던져놓고 마을 구경에 나섰다. 무앙응오이가 최종목적지이었지만 농키아우 역시 꽤나 기대를 한 마을이었다. 어마어마한 협곡이 안개와 함께 마을을 감싸고 있는 곳 내가 본 한 장의 사진에선 신비로움 마저 느껴졌다.

실제로도 그랬다. 마을에 카페들은 인테리어라곤 없었다. 모든 카페는 강변에 자리를 잡고 있었고 그냥 강변 언덕에 의자와 테이블 몇 개를 뒀을 뿐이었다. 그런데 너무 조화로웠다. 억지로 감성을 만들어내지 않아도 한국 감성 카페들은 명함조차 못 내밀 그런 느낌이었다.

의자에 앉으면 하늘을 뚫을 듯 높은 봉우리들이 줄지어 있었고 눈앞엔 강이 흐르고 있었다.

밥 먹으러 가는 길 긴 다리를 지나는데 엄청난 협곡이 눈앞에 자리했고 우린 열심히 셔터를 누를 뿐이었다. 도착한 식당은 구글 평점이 젤 좋았던 이탈리안 레스토랑이었다. 서양 여행자들이 많은 도시라 그런지 현지식당 보단 이런 이탈리안 레스토랑이 더 평점이 높은 듯했다. 여기서 우린 나혜의 파인애플피자 주문에 경악을 금치 못하며 왜 피자에 과일이 들어가야 하는지 치열한 설전을 벌이며 피자를 먹다 보니 어느새 그릇은 바닥을 보였고 해가 져버려 왔던 길이지만 색다른 풍경을 따라 걸어 숙소로 돌아왔다.

오지마을 무앙응오이

닭이 우는 소리에 눈을 떴다. 라오스 시골로 오고는 매일같이 기상 알람은 닭이었다. 한데 닭장에 갇혀있는 닭이 아니었다. 주인이 있는 지 없는지도 모르는 길닭? 이라는 표현이 맞는지는 모르겠다. 길고양 이 느낌으로 말이다.

아침부터 무앙응오이로 가는 배를 타기 위해 선착장으로 향했다. 물론 바다가 없는 내륙 국가에서 왜 마을에 들어가는데 배를 타?? 라 고 나 역시도 물론 그렇게 생각했었다. 아직 무지막지한 산들 사이를 통과해 마을로 들어갈 길이 없다는 것이 배를 타고 들어가야 하는 이 유였다. 선착장에 도착하니 우리에게는 2가지의 선택지가 주어졌다.

배 시간을 기다려 퍼블릭버스를 타느냐 또는 4명이니 프라이빗 보 트를 타느냐였다. 이 역시도 4명이기에 고민할 수 있는 사안이었다. 두 선택지의 가격 차이가 없었기에 우린 프라이빗 보트를 택했다. 이 름부터 프라이빗 뭔가 되게 편안한 보트를 타고 우리끼리 갈 수 있을 것만 같은 느낌이 들지 않는가.

하지만 여긴 라오스 한국 정서의 프라이빗과는 거리가 멀었다. 보트 가 오는데 지금 당장 고장 나도 이상하지 않은 한 칸의 한 명 겨우 탈 수 있는 바나나 보트 같은 느낌의 나무배였다.

보트의 끝엔 위태롭게 매달려있는 모터 하나가 있을 뿐이었다.

흔들리는 보트에 겨우겨우 올라타 내가 앉을 의자를 보니 한국 목욕탕 의자 사이즈의 나무 의자뿐이었다. 심지어 달리는데 배가 작다 보니 물이 다 나에게로 튀어 올랐다.

하지만 그러한 불편함은 잠시였다. 어제 다리 위에서 봤던 엄청난 협곡을 온전히 그대로 통과해서 가는 길이었다. 내가 달리는 강 양쪽으로 하늘 높은 줄 모르는 산들이 즐비했고 난 연신 감탄만 내뱉었다.

그렇게 한 시간여를 달려 마을에 도착했다. 마을은 강을 따라 줄지어 있었고 이 멋있는 뷰를 높은 곳에서 즐기라는 배려인지 높은 계단을 따라 올라가야 마을에 닿을 수 있었다. 또 모든 집은 강을 바라보는 곳으로 창문 또는 발코니를 가지고 있었다.

이번 숙소를 고르는 기준을 이미 이 마을이 알려주고 있는 듯했다. 강이 보이고 강 건너 산들이 보이는 곳 우린 바로 그런뷰가 보일만한 숙소들을 들어가 방을 찾기 시작했다. 그리고 찾은 숙소는 딱 우리가 원하던 뷰를 가진 숙소였다. 뷰를 보고 비싸겠지. 걱정하는데 걱정이 무색하게도 트윈룸이 8천 원 인당 4천 원이면 잘 수 있었다. 라오스 시골 물가에 다시 한번 감동하는 순간이었다.

하지만 여기서 나혜의 2년 반 세계여행 경험자의 진가를 볼 수 있었다. 그냥 이 정도 가격이면 가격흥정 없이 무혈입성 해도 전혀 손해보는 것 같지 않은 금액이었지만 역시 달랐다. 이 시골마을에서 내가 밥을 먹어도 너네 레스토랑에서 먹을 거고 방도 2개에 2박 할 건데 할인해줘. 너무 저렴한 금액이라 할인이 안 될 것 같다. 또는 이 가격이면 할인 안 받아도 되지! 생각했던 내가 부끄러웠다. 배낭여행자는 일

단 흥정해야 한다는 가장 기본 중의 기본을 간과한 것이다. 물론 그렇게 흥정에 성공해 1인당 4천 원 이던 숙소 값은 1인당 3천6백 원으로

큰 차이는 없다고 생각할 수 있겠지만 우린 이 인당 4백 원 할인에 한 번 더 행복했고 배낭여행자로서의 합리적인 소비를 했다고 자부했다.

그리고 우린 마을을 천천히 걸으며 구경했다. 마을의 큰길? 상권? 이라고 봐야 할 길은 딱 하나의 작은 비포장 길이었다. 길을 따라 작은 점방들과 길거리에서 바나나를 구워 팔고 있는 천장조차 없는 노점들 또 가끔 보이는 식당과 카페를 함께 하는 듯한 가게와 칵테일을 파는 펍 하나정도가 간신히 보였다. 길거리 바나나구이를 사 먹고 걷다 마주친 계곡에서 신발을 벗고 바지를 종아리까지 걷어 건넜고 마을 아이들을 만나면 오랜만에 본 외지인이 반가운지 세상 순박하고 깨끗한 미소를 선물 받기도 했다. 정말 어릴 적 나의 방학이면 외가 시골에서 지냈던 일상들이 떠오르는 곳이었다. 계곡에선 발을 담그고 놀았고 시골 마을의 아이들과도 곧잘 어울렸던 그런 일상들 이젠 한국의 시골에선 마을 아이들의 미소를 볼 수 없게 되었고 길거리에서 뭔가를 팔고 있는 사람조차 찾아볼 수 없게 됐으니 아니, 사람을 보는 것조차 쉽지 않게 됐으니 다시 그 느낌을 느낀 것이 소중하게까지 느껴졌다.

이러한 시골에서 가장 놀란 것이 그것이었다. 어린아이들이 많다 는 것.

바나나를 파는 젊은 여성도 등엔 아기를 업고 있었고 길엔 수많은 아이들이 자기 몸통만 한 공을 가지고 놀고 있었다. 집이 더운지 대문 이 활짝 열린 집안에는 아직 걷지 못하는 아기들이 앉아있었다. 한국 에선 이젠 절대 볼 수 없는 풍경이기에 신기하고 소중해, 한 번 더 눈 에 담으려 노력했다.

올인클루시브 캠핑

해가 지고 밤이 되어 우리는 숙소로 돌아왔다. 그리곤 숙소 침대에 누워 오늘 하루 내가 느낀 신기했던 기억을 떠올려 보고 있는데 은선이 다급한 듯이 불렀다. 방에서 나와 숙소의 리셉션으로 가니 은선이 벽에 적힌 각종 투어를 가리키고 있었다. 응? 투어가 왜?

하니 오빠 우리 내일 캠핑 하러 가자!! 하는 것이다. 무슨 캠핑? 우리 텐트도 없지 침낭도 없지 아무것도 없잖아! 하니 이거 봐 봐 하며 밑의 글자를 가리켰다.

비치(beach) 캠핑: 보트 타고 15분 이동하여 있는 비치에서 텐트도 쳐주고 이불 제공, 저녁 바비큐(닭 or 돼지고기 중에 고르시오) 또 강낚시 체험, 캠프파이어, 다음 날 아침 조식 이 포함된 캠핑패키지 4인 이상 출발 1인 25,000원 해석해 보면 이런 글이었다.

이게 말이 돼? 일단 비치 캠핑 비치라는 단어부터 이해가 안 됐다. 바다 하나 없는 나라에 비치가 웬 말이란 말인가 거기다 텐트도 쳐주고 낚시 체험, 저녁 식사, 아침 식사 모든 게 포함인데 1인 25,000원밖에 안 한다고?? 내가 살아온 세상을 잣대로 봤을 때는 말도 안 되는 일이었다. 사기라고 봐도 무방했을 거다.

하지만 난 여행자. 이런 밑져야 본전인 여행을 안 할 이유는 없었다. 바로 우린 내일 당장 하겠다고 숙소 사장님의 아들 우돈에게 예약해

달라는 말을 전하곤 잠자리에 들었다.

　다음날 눈을 뜨곤 우린 1박 2일 캠핑을 위해 장을 보러 갔다. 사실 장이라고 하기도 뭐 했다. 동네에 있는 점방에서 과자와 물, 맥주를 샀고 라오스 전통술을 사기 위해 돌아다녔다. 동네 점방을 몇 개를 돌아다녀도 찾을 수 없어 물어보니 여긴 시골이라 마트에는 없고 가정집에서 만들어 먹는 그런 술이라는 것이다. 그러고는 가보라고 알려준 한 가정집을 찾았다. 정말로 집에서 만들었을 법한 병에 물 같은 하얀 액체가 들어있는 병 하나를 받았다.

　이젠 모든 준비는 끝났고 우린 바로 선착장으로 향했다. 다시 한번 우돈이 우리를 반겼다. 그렇다 이게 바로 가내수공업 투어였다. 사장님은 숙소 운영을 사장님의 아들은 투어를 만들고 예약을 받고 예약이 들어오면 친구와 함께 투어를 진행한다. 숙소를 운영하며 직접 투어를 만들어 친구와 운영하는 투어라니 친구와 머리 맞대고 투어를 만들었을 생각 하니 귀여운 느낌마저 들었다. 마치 손으로 직접 한땀 한땀 뜬 털목도리를 선물 받을 때의 느낌처럼 말이다.

　그리곤 첫날 무앙응오이 들어올 때 배와 비슷하지만, 더 조그마한 배를 타고 10분이나 달렸을까 흐르는 강 사이 섬이 하나 보였다. 섬을 보고서야 왜 비치 캠핑이라는 말을 썼는지 알게 되었다. 정말 섬의 가장자리가 하얀 백사장처럼 모래로 덮여 있었던 것이다. 우리가 섬에 내리니 우리가 보트에 앉아있던 나무 의자는 차례대로 4개가 백사장에 꽂혔다. 강이 잘 보이는 어느 곳에 말이다.

　그리곤 우돈은 우리에게 말했다. 이 섬엔 딱 너희들만 있어 즐겨! 수

영해도 되고 섬 한 바퀴 산책하고 와도 돼 정말 섬은 한 바퀴를 돌고 와도 30분이면 될 것 같은 작은 섬이었다.

약간의 산책을 마치고 돌아오니 텐트 설치가 한 창이었고 내가 캠핑하는데 내 텐트를 남이 쳐주고 있는 이런 상황 전혀 익숙지 않았다. 뭔가 도와줘야 할 것 같은 느낌이 들었다. 하지만 이미 텐트는 수도 없이 쳐본 전문가라는 듯이 도와줄 틈도 없이 텐트 설치가 완료되고 이불을 들고 와 텐트 바닥에 빈틈없이 채워 넣었다. 그리곤 우돈은 우리에게 말했다. 나는 저녁 식사랑 캠프파이어 때 쓸 나무랑 테이블로 쓸 바나나잎 좀 옆 섬 가서 해 올게. 순간 나의 귀를 의심했다. 응?? 나무랑 바나나 잎을 해온다고? 그냥 사 온 장작이랑 플라스틱 테이블 펴서 먹는 게 아니라? 이거 너무 감성 있잖아? 난 있는 힘껏 엄지를 치켜세움으로 우돈에게 고마움과 캠핑 너무 만족이라는 말을 대신 전했다.

그리곤 우린 뭐하겠는가 보트 의자였던? 것에 앉아 노래 전주 1초 듣고 노래 맞추기 등 혼자만의 여행으로 못했던 여럿이니 할 수 있는 놀이를 한풀이 하듯 해나갔다. 그러다 원하는 음식 있으면 육지 식당에서 사다 줄 수도 있다는 말에 주문해 놓았던 피자가 도착했다. 섬에서 보트로 배달해 준 피자는 유독 맛있었다. 그런 느낌이었을 거다. 불가능 할 거라 생각했던 것들이 되면 더 기분이 좋은 느낌말이다. 그날의 피자는 사실 이탈리아 느낌의 피자도 아니었고 미국식의 피자도 아니었다. 그냥 얇은 또띠아에 몇 가지 토핑과 치즈 이불을 아주 살짝 덮은 정도의 국적 불명의 피자였으나 이탈리아 피자 맛집에서 먹은 것과 같은 감동을 선사했다.

엄청난 크기의 통나무들이 겹겹이 쌓여갔다. 그리고 보트의 의자 밑에 깔려있던 나무판자도 나도 쓰임이 또 있다는 듯 등판했다. 바로 테이블이라는 것이다. 나무판자 위엔 강물에 깨끗이 씻은 바나나잎이 겹겹이 쌓였다. 그리곤 우돈은 나에게 말했다. 이게 테이블이자 그릇이야. 그냥 위에 이것저것 올려서 먹을 거야.

그리곤 돌아서 다시 보트 옆으로 가 친구와 함께 무언가를 칼질하고 있는 것이다. 이젠 뭘 하든 평범한 걸 하고 있지 않을 거라는 기대감. 그간 그의 행적이 말해주고 있었다. 그에게 가니 어디서 구해왔는지 대나무를 얇게 잘라 거기에 돼지고기를 꽂고 있었다. 역시 기대를 저버리지 않는 우돈이었다. 그냥 고기를 구워 먹는 것 전체를 통상적으로 말하는 바베큐가 아니었다. 정말 장작 위에 고기를 꽂고 손으로 돌려 굽는 정말 자연 그 자체의 바베큐였다.

연신 사진을 찍어대자 이건 놀랄 것도 아니라며 가리키는 그의 손가락이 향하는 곳엔 쿠쿠로 추정되는 전기밥솥에 쌀밥이 한가득 있었다. 옆 비닐봉지에 가득한 반찬들까지 말이다.

꼬치가 완성되자 겹겹이 쌓인 나무 위로 불이 붙었고 오늘 밤의 하이라이트가 시작되는 듯했다. 바나나잎이 깔린 테이블엔 밥과 반찬들이 자리했고 우린 이 진수성찬을 즐기기만 하면 됐다. 고기가 다 익자 우돈과 우돈 친구까지 합세해 우리만의 파티를 즐겼다. 밥과 고기 그리고 맥주와 라오스 전통술까지. 고기를 구웠던 장작들은 해가 저물어 가자 아직 할 일이 남았다는 듯이 캠프파이어를 위한 불이 되었다. 우린 새벽까지 불을 바라보며 노래를 듣기도 하고 서로에게 못했던 말들을 전했다.

불을 멍하니 바라보고 있는데 정영 형이 말했다. 종혁아 네가 아니었다면 이런 배낭여행의 즐거움 평생 모르고 살았을 거야 알려줘서 고마워. 실로 뿌듯한 순간이었다.

내가 하는 방식의 여행을 이해 못 하는 친구들이 많았다. 제일 싼 호스텔을 찾고 18인실이 넘는 호스텔에서 여기저기서 들려오는 코 고는 소리를 자장가 삼아 자고 비행기 타는 돈이 아까워 20시간 이상을 버스 타고 이동하는 그런 여행 말이다.

사실 나도 이러한 여행이 힘들지 않은 건 아니다. 아니 많이 힘들다. 호스텔에서 들려오는 누군가의 코 고는 소리에 잠 못 들어 퀭한 눈으로 하루를 시작하기도 하고 20시간 버스를 타며 엉덩이가 부서질 듯한 고통을 받기도 한다.

하지만 이러한 고통을 견디는 이유는 확실히 있다. 여행하는 일주일 중 6일이 너무 힘들고 재미없고 한국으로 돌아가고 싶다는 생각이 들 수도 있으나 나머지 하루는 한국에 있었다면 절대 느끼지 못할 만큼의 행복감이 찾아오곤 한다. 그 하루 때문에 이러한 여행을 그만두지 못하고 자꾸 다니는 게 아닐까.

정영 형도 그랬을 것이다. 라오스 같이 가자는 말에 따라나서 항상 행복한 여행을 할 것만 같았겠지만 실상은 그렇지 않았을 것이다. 몇 시간씩 조그마한 미니밴에서 몸 한번 움직이지 못해보기도 했을 거고 기차를 타고 내리자마자 버스터미널에서 푹푹 찌는 더위를 견디며 버스를 기다리고 하는 일들이 힘들게 느껴졌을 거다.

  하지만 그 힘든 시간이 지나고 오늘 라오스 오지에서 캠핑을 하며
느낀 행복한 감정은 따라나서지 않았다면 절대 경험할 수 없을 만큼
의 행복을 느꼈을 것이다. 난 그걸 느꼈다면 방콕에서 나 따라 여행하
지 않겠냐고 재밌을 거라고 한 말을 지켰다고 생각했다.

  우린 낭만 가득했던 밤이 지나고 아침에 우돈이 끓여준 이름 모를
인스턴트 라면을 먹고는 보트를 타고 육지로 돌아왔다.

Part.4

치앙마이 한 달 살기

적과의 동침

　루앙프라방에서 지낸지 며칠이나 지났을까 루앙프라방은 그런 도시였다. 특별한 볼거리가 있다기보단 느리게 걷기 좋은 그런 도시. 호수를 따라 걷거나 가볍게 동네를 걸어 다녀도 프랑스 식민지였던 과거가 있는 도시라 프랑스풍 건물들과 라오스식 건물들이 조화를 이루는 그런 곳. 걷다 동네에 있는 학교에 들어가 학생들과 농구를 한다거나 야시장에서 밥을 먹고 산책하는 게 나의 일상이었다.

　도시가 익숙해질 때쯤이 되면 나 스스로가 안다. 떠날 때가 됐음을 다음 도시는 어디로 가야 할지 고민하다 여행사를 찾아가 물었다. 여기서 버스로 갈 수 있는 나라가 어디 어디 있어? 혹시 미얀마 있어? 과거 버마라고 불리던 나라. 여행하다 연배가 있으신 여행자들을 만나면 항상 추천하는 곳이었다. 꼭 미얀마가 아니라 버마라고 부르며 말이다. 버마라는 단어는 나에게 이상하게 신비로운 느낌을 주는 곳이었다.

　하지만 여행사 사장은 말했다. 지금 미얀마는 내전 중이라 육로 이동할 수 있는 버스가 다 없어졌어. 여기선 베트남 사파 갈 수 있는데 버스로 40시간 걸리고 치앙마이까지는 18시간이면 갈 수 있을 거야. 둘다 끌리는 여행지였지만 고민할게 있을까 시간이 무려 20시간이나 차이 나는데 말이다.

난 물었다. 치앙마이까지 가는 버스 좋아? 슬리핑 버스야? 여행사 사장은 당당한 말투로 말했다. 응, 35만낍(2만3천원)에 여기서 슬리핑 버스 타고 국경까지 가고 라오스랑 태국 국경에서 태국 슬리핑 버스로 갈아타고 치앙마이까지 가는 거야.

여기서 이상함을 눈치챘어야 했다.

하지만 처음 오는 도시이기에 이 길을 처음 가기에 이상함을 눈치채긴 쉽지 않았다. 우린 그렇게 예약하고 나와 이 결정이 어떤 후폭풍을 가져올지 모른 채 루앙프라방에서의 마지막 밤을 보냈다.

여행사에서 보내준 툭툭을 타고 버스터미널로 가고 있었다. 그날따라 날씨는 완벽했고 10킬로가 넘는 배낭조차 무겁게 느껴지지 않는 그런 날 말이다. 버스터미널에 도착하곤 난 나의 버스를 찾아 기사에게 표를 보여줬다.

후에싸이 가는 거 맞지? / 응? 나 후에싸이 가긴 하는데 치앙마이까지가! / 응 이 버스는 후에싸이까지만 가는 거고 그 이후는 네가 알아서 미니밴 잡아서 타고 가면 돼 후에싸이 가서 태국 국경 넘으면 미니밴 많을 거야.

아, 왜 표가 한 장인 걸 이상하다 생각하지 못했을까. 적어도 태국에서 갈아타는 버스표까지 하면 두 장은 있었어야 할 텐데 말이다. 바로 예약한 여행사에 전화를 걸었으나 자기는 이미 다 설명해줬다는 말을 할 뿐이었다. 하지만 난 가는 방법 설명을 다 기억하지 못할까 봐 영상으로 담아두었었다. 그걸 다시 한번 돌려봐도 분명 치앙마이까지 간다고 하는 답변이 똑똑히 녹화되어 있었다.

하지만 버스는 곧 출발할 시간이라 다른 방법이 없었다. 일단 탑승했으나 한 번 더 나는 좌절해야만 했다. 슬리핑 버스는 중간 통로를 두고 양쪽으로 1층 2층 침대 총 한 칸에 4개의 침대가 있었다. 문제는 이게 아니었다. 나의 침대를 찾아 짐을 풀었다. 그런데 누군가 나의 침대로 올라오는 것이다. 그렇다. 싱글베드의 절반 크기만 한 매트리스에 모르는 사람과 함께 누워 가는 것이다…. 그렇게 갑작스럽게 내침대로 올라온 중국인 친구와 어색한 동침이 시작됐다. 13시간 걸린다던 버스가 15시간 만에 도착할 때까지 말이다.

이렇게 끝났다면 비극까진 아니었을 것이다. 버스는 15시간을 달리는 슬리핑 버스임에도 불구하고 화장실이 없는 버스였다. 그렇다보니 2시간에 한 번씩 버스는 멈춰 섰다. 휴게소도 아니었다. 화장실만 겨우 있는 곳에 서기도 하고 가끔은 화장실은 찾아볼 수도 없고 지나가는 불빛 하나 없는 길가에 세우기도 했다. 그냥 2시간에 한 번씩 세우기만 하면 되지 뭐! 그런 느낌이었다. 2000년대 초반 한국 수학여행 때나 타 봤을 법한 버스를 개조해서 그런지 화장실에 도착해 켜지는 불빛마저 천장에서 파랑, 노랑, 빨강 엘이디 조명. 이 조명이 2시간에 한 번씩 나의 눈을 찔러댔다.

라오스의 도로 사정은 비엔티안, 방비엥, 루앙프라방처럼 관광객이 많은 곳과는 차원이 달랐다. 무려 15시간 내내 미친 듯이 굽이 굽이진 길을 달렸다. 굽이진 길을 가니 요가매트 보다 아주 조금 더 큰 사이즈의 버스 매트리스에 둘이 누워있는 우린 자꾸 부딪혔고 어깨는 닿아다 떨어졌다 반복했다. 거기다 비포장도로라 그런지 바닥이 움푹 파여 있는 곳을 지날 때마다 나의 등은 매트리스에서 떨어졌다 이내 매트리스로 곤두박질 치곤했다.

  그래도 악몽 같던 15시간이 끝나곤 난 후에싸이에 도착했다. 여기서 다음 문제에 직면했다. 하지만 이젠 화도 나지 않았다. 그냥 음 평범하게 갈 수 있을 거라곤 생각조차 안 했다는 듯이 말이다.

  이번 문제는 후에싸이 버스터미널에 도착한 시간은 새벽 5시 국경사무소가 열리는 시간은 8시 버스회사는 적어도 국경을 달리는 버스 상품을 만들 때는 국경이 열리는 시간에 맞게 도착하는 일정으로 상품을 만드는 게 맞는 게 아닌가. 적어도 지금까지 다닌 나의 여행에선 항상 이 틀을 벗어난 버스는 없었다. 어쩌겠는가. 방법은 하나였다. 국경이 열릴 때까지 기다렸다 툭툭을 타는 것이었다. 그렇다 보니 여기서 내린 대부분의 여행자들은 2시간 정도 기다리다 툭툭을 타고 국경사무소로 가는듯했다. 나도 달리 방법 없으니 툭툭 기사에게 얼마냐고 물어봤으나 1인 5만낍(약 3천3백 원) 하지만 현금을 다 써버리고 온 나는 그 3천 원이 없었다. 그리곤 나의 주위로 비싸서 걸어갈 거라는 서양 여행자들이 모여 우린 차 타고 25분 걸어서는 1시간 걸린다는 걸 확인하고 각자 자기 몸만 한 배낭을 메고 가로등조차 없는 시골길을 걷기 시작했다. 길에서는 길 개들의 울음소리만 들렸고 이따금 차가 지나갈 뿐이었다. 스산한 느낌마저 들었다. 마치 강도가 나타나도 전혀 이상할 게 없을 그런 느낌 여기서 내 옆자리 20살 중국인, 키가 2미터는 되어 보이는 수염 가득한 프랑스 친구, 터키 유튜버 등은 갑자기 입을 모아 이야기했다. 한국은 군대 갔다 오지 않아? 응 다녀오긴 했는데 왜? 오! 그럼 앞장서!

키가 2미터에 할리우드 용병 전쟁영화에 나와도 이상하지 않을 프랑스 친구조차 무섭다며 뒤에서 걷고 있었다. 하. 나도 무서운데. 총도 안 주고 앞장서라고 하냐! 하지만 한국 군대의 무서움을 전 세계에 보여 줘야 하지 않겠는가. 난 앞장서서 걸어갔고 그렇게 우린 한 시간여 만에 무사히 불 꺼진 국경 철문 앞에 도착했다. 그리곤 쯔쯔가무시 정도는 하나도 무섭지 않다는 듯이 풀밭에 앉아 각자 가지고 있던 간식들을 주섬주섬 꺼내 나누어 먹으며 이야기를 나누다 보니 안 떠오를 것 같던 해가 떠오르고 세상이 밝아왔다.

태국 치앙콩 국경사무소의 입국심사는 속전속결로 끝이 났고 버스터미널로 이동했다. 벌써 무려 19시간이나 이동한 후였다. 지칠 대로 지쳤지만 세상은 치앙마이로 쉽게 보내주지 않았다. 치앙콩에서 치앙마이로 가는 직행버스는 없었고 치앙라이로 가는 버스를 타고 치앙마이로 가는 버스를 다시 타야 했다. 에어컨 하나 없고 창문이 닫히지도 않는 버스를 도시 매연과 시골 모래바람을 2시간 30분여를 달려 치앙라이에 도착할 수 있었다. 버스에서 내려 얼굴을 보니 시꺼먼 가루들이 얼굴엔 가득했다.

이젠 정말 마지막관문이었다! 치앙라이에서 치앙마이로 가는 버스만 타면 최종목적지를 갈 수 있는 것이었다. 3시간 뒤에 출발하는 버스의 마지막 한자리를 예약하곤 21시간만의 밥을 먹으러 식당으로 향했다. 방콕에는 한국인에게 유명한 3대국수집 중 하나인 갈비 국수집이 있다. 하지만 유명세를 타고 하다 보니 금액이 요새는 한 그릇에 200

바트(7,500원)로 올라버려 먹지 못하는 국수를 여기 치앙라이 기차역 근처에서 팔고 있었다. 단돈 50바트(1,800)원에 말이다! 국물은 갈비탕과 갈비찜 사이 어딘가에 위치하고 있었다. 한국인이 싫어 할 수 없는 두 음식 아닌가. 역시 나의 입맛에 너무 찰떡이었고 국물 안에는 보기만 해도 배부를 만큼의 쌀국수와 씹으면 살이 부서지듯 부드러운 잘 익힌 한국 갈비찜에서나 맛볼듯한 소고기가 국수에 가득 들어있었고 어육 함량이 얼마나 높으면 쫄깃한 식감마저 드는 어묵들이 한 가득이었다. 어떻게 지나치겠는가. 바로 한 그릇 주문하곤 어떻게 먹었는지도 기억이 안 날 정도로 빠르게 해치워 버렸다. 그리곤 마지막 버스에 올랐다. 그간 힘들었던 여정을 보상해 준다는 듯이 버스는 한국 우등버스를 연상케 했다. 의자도 눕힐 수 있고 물까지 한 병 주는 나에겐 이 정도면 비행기 비즈니스 클래스를 탔을 때의 행복감이었다. 4시간여를 달려 다시 해가 지고 29시간 만에 치앙마이에 도착할 수 있었다.

치앙마이에 올 때마다 가는 호스텔이 있었다.

방콕에서도 항상 가던 호스텔만 가는 것처럼 나에게는 거점이 되는 그런 곳이었다. 한국에서 안정 추구형 삶을 살아가는 내가 장기 여행을 지속할 수 있는 비법 같은 것이었다. 언제라도 변함없이 그 자리에 그대로 있고 눈을 감아도 내방을 찾아갈 수 있을 것 같은 그런 안정감을 주는 그런 곳

29시간의 여정의 끝에 해외에서 내가 가장 편안하게 있을 수 있는 이곳에 도착해 오랜만에 정말 오랜만에 편안한 잠자리에 들었다.

현실성과 판타지 그리고 한 달 살기

오랫동안 꿈꿔왔던 일을 실현시키고 있었다. 최근 5년 또는 그 이상, 한 달 살기라는 말이 유행처럼 돌고 있었다.

사람들은 현실성 없는 판타지에 크게 동요하지 않는다. 물론 현실성 없는 판타지를 좋아할 순 있다. 하지만 현실 가능성이 없기에 판타지는 판타지일 뿐 그냥 거기서 끝이다.

하지만 사람들은 현실성 있는 판타지에 열광한다. 지금 현실은 하루하루 일상을 보내기에도 바쁘고 힘들지만 언젠간 나도 할 수 있을 것만 같은 기분이 들기 때문이다.

그런 말을 들은 적이 있다. 나영석 PD가 제작하는 예능들 삼시세끼, 꽃보다 시리즈들이 현실 가능성 있는 판타지이기에 시청자들의 사랑을 받는다고 말이다. 생각해 보면 누구든 시골집에 들어가 삼시세끼를 만들어 먹으며 휴식하는 삶이 어렵겠는가? 단지 현재 직장, 학교 등 현실에 부딪혀 못하는 것뿐 정말 마음만 먹으면 이 현생에서의 고민, 직장 내 스트레스 모두 내려놓고 시골로 내려가 저렇게 살 수 있을 것 같지 않은가. 또 꽃보다 시리즈 같은 여행 역시 일만 그만둔다면 또 친구들과 시간만 맞는다면 못 할 이유가 있을까 하지만 이마저도 현실에 부딪힌다. 나만 일을 그만둔다고 끝나는 문제는 아니다. 친구들도 장기간 휴가 나 퇴사를 해야 가능한 일이기에 그래서 현실성은 있지만 판타지라고 부르는 이유가 아닐까 한다.

그래서 어디어디 한 달 살기는 많은 이들에게 현실성 있는 판타지로 다가와 돌풍을 몰고 왔다. 그중에서도 한국과 멀지 않으면서 물가가 저렴하고 방콕처럼 번잡하지 않은 또 동남아 임에도 겨울이 되면 한국 가을처럼 선선해지는 이곳 치앙마이는 한국인뿐만 아니라 서양 여행자들에게도 한 달 살기의 메카 같은 곳이 되어있었다.

오랜 나의 판타지이었던 치앙마이 한 달 살기를 위해 호스텔에서 나와 한 달짜리 방을 구했고 오토바이를 한 달 동안 렌트했다. 최근 몇 년간 많은 나라의 여행자들에게 한 달 살기로 각광을 받다 보니 물가가 많이 오른 상태라 저렴한 방을 위해 꽤나 발품을 팔아야 했다. 아 물론 한국과 비교하면 아직도 많이 저렴했지만, 장기여행자의 지갑은 쉽게 열리면 안 되기에 심혈을 기울였다.

그렇게 구한 오토바이는 한 달 12만 원 방은 단돈 한화 22만 원이었다. 님만해민 이라는 치앙마이에서 깔끔한 동네의 호스텔 도미토리 기준 1박 300바트 한화로 1만 1천 원 한 달로 합산하면 33만 원 임을 감안한다면 절대 비싸다고 할 수 없는 금액대였다. 아니 확실히 나의 지갑이 얇아지는 것을 잘 막았다고 자부했다. 거실 따위는 없는 방에 침대 하나 에어컨 하나 냉장고 하나 테이블 하나 있는 단촐 한 방이었지만 나에게는 이만하면 충분한 방이었다. 커튼을 열면 치앙마이를 대표하는 사원 도이수텝이 산 위로 자리했고 산 뒤로 넘어가는 일몰은 더할 나위 없이 아름다웠다.

그간 호스텔만 전전해 온 나에게는 마치 집이 생긴 기분이었다. 아침에 눈을 떠 체크아웃 시간에 맞춰 배낭을 다시 쌀 필요가 없었고 옆 침대 또는 위 침대에서 들려오는 코 고는 소리나 밤늦게 놀다 들어온 여행자가 킨 핸드폰 플래시에 눈 찡그리며 잠에서 깰 필요도 없었다. 또 에어컨을 내 맘대로 조절할 수 있었다. 더우면 켰고 추워지면 껐다. 되게 단순하고 작은 것들이지만 여행 중에는 결여 되는 것들이 다시 금 채워졌다.

그렇게 집과 자가용이 준비되니 난 치앙마이가 가진 최대무기들을 경험하러 나서기로 했다. 많은 한 달 살기로 유명한 도시들이 바다를 끼고 있다. 바다에서 할 수 있는 액티비티 들은 무궁무진하기에 한 달 을 살아도 전혀 심심하지 않을 수 있기 때문에 하지만 치앙마이는 바 다조차 존재 하지 않는 도시. 그런데 왜 치앙마이는 한 달 살기 도시로 유명해졌을까? 치앙마이는 이 먼 타국에 아는 사람 하나 없을 한달살 기러 들을 위해 심심하지 않게 많은 태국에서만 배울 수 있는 수업들 이 만들어져 있었다. 운동을 좋아하는 사람들에겐 무에타이 클래스 요 리를 좋아하는 사람들에겐 쿠킹클래스 마사지를 배워보고 싶은 사람 들은 마사지클래스 또 매일 아침 무료 요가클래스까지 말이다. 사실 이것 말고도 무궁무진한 클래스들이 존재한다.

난 이중 무에타이클래스와 마사지스쿨 클래스를 들어보기로 했다. 먼저 마사지스쿨을 등록했다. 마사지는 하루만 배워서는 안 될 것 같 아 일주일 코스로 자격증까지 받을 수 있는 그런 코스를 택했다. 시간 은 아침 9시부터 오후 4시까지 매일 아침 정해진 시간에 출근 하는 직 장인의 일상을 살던 나에게 아침에 눈 떠서 갈 곳이 없는 일상이 아직은 어색한 나였기에 일주일간 아는 사람 하나 없는 이 도시에서 아침마다 갈 곳이 생기자 행복한 감정마저 들었다.

그렇게 시작된 마사지클래스의 첫 수업 날 설렘에 30분이나 일찍 마사지학원 앞에 도착해 서성거리다 시간 맞춰 들어갔다. 수업의 첫 30분은 항상 요가 또는 명상 등을 가르쳐 주는 외부 선생님들과 가볍게 마사지 수업 전 마음을 가다듬었다. 어떤 날은 금발과 파란 눈을 가진 서양인 할아버지가 오리엔탈리즘의 끝이라 생각하는 사람의 기에 대해서 또 하늘의 기 와 땅의 기를 모으는 법 등을 배우는 명상 수업을 하곤 했다.

첫날 명상 수업이 끝나곤 나와 같은 베이직 왕초보 코스를 일주일간 같이 듣게 될 친구들을 만날 수 있었다. 엄마와 함께 한 달 살기 중인 대만 친구 또 마사지가 흥미로워 프로페셔널 코스까지 할 거라는 이탈리아 친구, 또 내가 생각하는 전형적인 일본인의 수줍음을 가지고 있는 아이리 또 몇몇 일본인들이 있었다.

수업은 베이직 코스임에도 꽤나 체계적으로 진행됐다. 교재를 나눠줬고 약 1번부터 80번이 넘는 전신 마사지 순서마다 사진과 함께 번호가 매겨져 있었고 교재의 사진 순서에 따라 선생님이 시범을 보여주면 필기하고 실습하기를 반복했다. 서로가 서로의 마사지 연습 상대가 되니 우린 급속도로 친해졌고 하루가 다르게 늘어가는 마사지 실력을 서로서로 칭찬했다. 아는 사람 하나 없는 이곳에서 한 달 또는 몇 달 살기를 하는 우리는 친구가 생겼고 거기다 덤으로 타이마사지까지 배울 수 있는 이곳을 사랑했다. 수업이 끝나면 우린 같이 치앙마이스러운 푸릇푸릇한 카페를 찾아가 커피를 마신다거나 치앙마이 올드타운을 구경하곤 했고 일본 친구들과 한식을 먹기도 하고 때로는 일본 가정식을 먹으러 가곤했다.

우린 마지막 날 있을 시험을 위해 꽤나 열심이었다. 학원을 다녀와 다음날 눈을 뜨면 전날 운동 2시간은 한 것처럼 온몸이 아파져 왔다. 하지만 매일 아침 눈뜨는 게 즐거웠다. 전날 밤 과음을 하고서도 알람 소리에 맞춰 일어나 오토바이를 타고 시원한 바람을 맞으며 학원으로 달려갔고 진지하게 수업을 들었다.

매일 수업 중 마사지 기술을 하나라도 놓치지 않으려 책에 메모했고 실습할 때는 이게 맞는지 선생님에게 몇 번이고 되물었다. 학창 시절에 이렇게 열심이었다면 얼마나 좋았을까 말이다. 마지막 수업이 끝나고 시험이 시작됐고 꽤나 진지한 분위기에서 선생님들이 상대가 되어 나는 마사지를 시작했고 보기 좋게 통과했다. 시험이 끝나곤 마사지스쿨의 정원에서 각자의 수료증을 들고 선생님들과 합격 축하? 사진을 찍으며 서로가 얼마나 열심이었는지 알기에 서로에게 진심의 박수를 보냈다.

수업이 다 끝이 나고 며칠이나 지났을까 다시 무료한 시간의 연속이었다. 눈을 뜨면 빨랫거리를 들고 빨래방으로 가 빨래를 맡기고는 카페로 향했고 커피 한 잔의 여유를 즐기다 들어와 낮잠을 잤다. 해가 지기 직전까지 말이다. 해가지면 난 선선해진 치앙마이의 밤을 드라이브한다던가 맥주를 한잔하며 저녁을 먹는 게 내 하루 일과의 끝이었다.

모두 이런 삶을 꿈꾸겠지만 한국에서 집에 있기보다는 친구들과 시간을 보내는 게 익숙한 나라 무료함이 가끔 견디기 힘들게 다가오기도 했다.

하지만 이곳은 치앙마이 할 거리는 무궁무진했다. 난 무에 타이 학원의 원데이클래스를 등록했다. 하루 350바트(한화 약 1만 3천 원) 한 시간 반의 수업을 듣는 일정이었다. 여행을 시작하곤 한 번도 해본 적 없는 운동을 하려니 막상 발걸음이 떨어지지 않았다. 오토바이를 타고 달리며 한숨을 스무 번 정도 쉬었을까 학원 앞에 도착해 있었다. 난 쭈뼛쭈뼛 학원에 들어갔다. 창문이라곤 없는 건물 2층에 땀 냄새 가득 더운 공기가 나를 맞이했고 링 위에는 웃통을 벗고 땀 가득 흘리며 연습 중인 서양인들과 태국인 선생님들이 가득했다.

오늘의 원데이클래스는 국적도 인종도 다양한 수강자가 20명은 돼 보였다. 무더운 날씨 속에 고장 나기 직전으로 보이는 선풍기 몇 대가 탈탈 돌아가는 이곳에서 준비운동이 시작되었다. 20바퀴를 링의 둘레를 뛰었고 가만히 서 있어도 땀이 나는 날씨에 뛰다 보니 와… 내 몸에 이렇게 수분이 많았단 말이야? 사람의 몸은 수분이 80% 이상 들어 있다는 걸 새삼 다시 한번 느꼈다.

달리기가 끝나자, 복근운동, 팔굽혀펴기 등 운동이 시작되었다. 얼마나 여행하며 먹기만 하며 다녔는지 근육이 갑작스러운 운동에 적응하지 못하는 듯 아주 몸이 사시나무 떨리듯이 떨려왔다. 그렇게 온몸이 힘이 다 빠져버렸을 때쯤 본 운동이 시작됐다. 쨉, 스트레이트, 훅 등 펀치를 배우고 자세를 교정받고 로우킥, 니킥, 하이킥 발차기 역시 열정 넘치는 태국 선생님의 시범을 보며 배워갔다. 문제는 여기서 시작되었다. 이젠 주먹 하나 뻗을 힘이 남아 있지 않았으나 샌드백을 정말 적어도 한 번에 100번씩 발로 차거나 주먹을 지르거나 했다. 분명 한 시간 반의 수업 시간이라 했는데 열정 넘치는 선생님들은 한 시간 반이 지났지만, 수업을 끝낼 생각조차 없어 보였다. 그리곤 난 결심했다. 도망가자!! 더 있다간 분명 죽을 거야!

가려는데 웃통은 어디 갔는지 없는 내 옆에서 샌드백을 치던 인도 친구가 땀으로 샤워한 듯한 모습에 사뭇 진지한 표정으로 말했다. 너 지금 힘들 수 있어! 하지만 이 수업을 끝까지 완료한다면 넌 앞으로 세상을 살며 못 할 게 없을 거야 할 수 있어 해봐!

하지만 그 말을 듣고 그래! 해보자! 라고 말하고는 눈치를 보며 없는 힘을 쥐어짜 내 샌드백에 주먹을 내지르다 인도에서 온 친구가 다른 곳을 볼 때 바로 달려 나와 오토바이에 시동을 걸곤 달렸다!

마치 학창 시절 학교 땡땡이를 친 기분이었다. 땀으로 범벅이었던 얼굴에 바람이 불어왔고 바람의 시원함과 땡땡이친 일탈의 기분이 나를 행복하게 했다. 그리곤 달리며 인도 친구가 한 조언을 다시 한번 생각했다. 난 하기 싫은 걸 억지로 하지 않는 삶을 살아보려 이 여행 중인 거야 가끔 힘들면 도망치는 게 어때 도망친다고 나의 세상이 무너져? 앞으로 할 수 있는 게 없어져? 아냐 그냥 하기 싫을 땐 그만할, 도망칠 용기가 있는 거야 쉬었다 다시 나아가면 되잖아? 오히려 쉴 줄 모르고 앞으로만 달려가는 사람이 되기보단 쉬고 싶을 땐 쉬었다가 모든 걸 내려놓고 훌쩍 떠나갔다 어느새 슬쩍 돌아와 나의 자리에서 다시 삶을 살아갈 거야 에너지 만땅 충전된 채로 말이야.

낭만의 빠이(PAI) 오토바이 여행

많은 이들에게 배낭여행자들의 무덤, 블랙홀 등으로 불리는 곳이 있다. 배낭 하나에 이리저리 여행 중인 내가 이 말에 혹하지 않을 수 있을까.

이미 약 5년 전 빠이를 가본 적이 있다. 치앙마이에서 시골로 굽이굽이진 길을 몇 시간이나 달려야 만날 수 있는 곳. 숨겨져 있던 산들로 둘러싸인 작은 마을 아침이면 자욱한 안개가 마을을 덮었고 카페들은 창문이 없었다. 나무로 된 뼈대 들이 천장을 받치고 있을 뿐 비가 오면 빗소리가 그대로 들렸고 바람이 불어오면 나에게 그대로 전달됐다. 또 여기서는 그냥 편하게 쉬어 가라는 듯이 카페들엔 하나같이 의자가 없었다. 카펫이 깔려있는 바닥에 쿠션들이 놓여 있을 뿐이었다. 시원한 커피와 함께 반쯤 누워 앞을 바라보면 빠이의 산과 논밭의 초록색들이 자리하는 곳. 밤이 되면 가게들의 장작에 불이 붙었고 장작을 가운데로 여행자들은 둘러앉아 이런저런 이야기를 나누거나 혼자 조용히 불을 바라보며 생각에 잠기는 그런 곳으로 기억 되는 곳이었다.

치앙마이 한 달 살기를 하니 생각보다 많은 태국인 친구들과 한 달 살기를 하는 한국인 친구들이 많이 생긴 상태였다. 분명 아는 사람 하나 없는 곳에서 한 달 살기를 시작했으나 나와 함께 해주는 친구들이 생겨 눈뜨면 같이 커피 한잔할 사람이 있었고 저녁을 무엇을 먹어야 할지 누구와 먹어야 할지 고민할 필요가 없어 행복했다.

이런 여행이 아닌 일상이 반복이 되자 내 몸에서 흐르는 여행자의 피가 나에게 말하는 듯했다. 뭐 하는 거야! 여행해야지! 라고 말이다. 분명 여행 중인데 여행이 가고 싶은 이런 아이러니 한 상황.

오토바이에 캔 커피 하나 갈아입을 옷 두 벌 달랑 넣고 빠이로 출발했다. 오토바이 여행을 계획한 이유는 치앙마이부터 빠이까지 가는 길이 너무 험한 것이다. 700개가 넘는 커브길이 빼곡하게 자리했다. 치앙마이의 많은 여행사에서 빠이까지 가는 미니밴을 운영 중이지만 그 조그마한 미니밴을 타고 700개가 넘는 커브를 견디고 싶지 않았다. 아니 견딜 이유가 없었다. 한 달이나 빌린 나의 자가용 오토바이가 있고 난 자유로움이 더 중요하니까! 길 가다 예쁜 곳이 나오면 오토바이에 걸터앉아 캔 커피 하나 마시고 다시 출발하는 그런 낭만적인 여행 말이다.

그런데 간과한 게 있었다. 낭만은 고생을 수반 한다는 걸 한 시간 정도까진 행복했다. 바람은 시원했고 지나며 보이는 시골 풍경은 나의 여행 감성을 자극하기엔 충분했다. 하지만 문제는 한 시간이 지난 후 허리가 아파져 왔고 끝이 없는 커브길에 좌절해야 했다. 얼굴에 바람을 얼마나 맞았는지 얼굴이 굳어버린 듯 이 쿼브길. 너무 힘들잖아. 이건 좀 너뮤하잖아! 발음도 되지 않는 혼잣말을 중얼거렸다.

그러다가도 병 주고 약 주는 것 인지 이따금씩 이 고생을 보상해 주는 듯한 풍경들이 나타났다. 미친 듯한 커브들은 산을 넘어가기 위해 있는 것이었기에 커브들을 넘고 넘다 산꼭대기 정도에 서면 아래로 끝없는 숲들이 펼쳐졌다. 이렇게 예쁜 거 보여주니까 참는다! 라고, 생각하며 캔 커피를 홀짝이고 다시 출발하기를 반복했다.

해가 조금씩 넘어가고 어두워지자, 오토바이의 빛을 향해 돌진하던 하루살이들은 내 얼굴을 가격했다. 가끔 입에 들어가는 순간이면 방콕 카오산로드에서 팔던 매미 튀김, 전갈튀김을 먹으면 이런 기분이겠구나 하며 있는 힘껏 퉤퉤!! 뱉어냈다.

그렇게 끝이 없는 길을 달리다 보니 이미 해는 넘어갔고 저 멀리 가로등 불빛조차 희미하게 빛나는 작은 마을이 드디어 보였다. 빠이에 도착한 것이다. 어두워진 마을로 들어가 예약한 작은 방갈로에 짐을 풀었다. 나무 문에 방은 파란 페인트가 조악한 퀄리티로 듬성듬성 발라져 있었고 침대 하나 달랑 있는 그런 방이었지만 이미 지칠 대로 지친 나는 이 정도면 훌륭하지라고 나에게 최면을 걸었다.

빠이는 나의 기억 속에서 밤이 아름다운 동네였다. 이 할 거 없는 시골에 사람이 몰려드니 작고 아기자기하면서도 감성 가득한 펍들이 빼곡히 자리했고 차한대 지나갈 수 있을 것 같은 메인로드의 길가로 끝없는 노점상들이 펼쳐지는 그런 곳.

4시간 가까이 달리며 얼굴에 가득 묻은 모래와 매연들을 지우려 박박 세수만 하고는 빠이의 밤을 만나러 나갔다. 메인로드에는 노점상의 음식 하는 연기로 가득했고 히피스러운 옷과 장발 또는 레게머리를 한 여행자들이 즐비했다.

또 더 걷다 보니 숯으로 고기를 굽는 집의 연기가 하늘로 올라가고 있는 집이 보였다. 난 몇 시간의 먼지와 모래바람을 마시며 달려왔지

않은가. 먼지 많이 먹는 날은 삼겹살 먹는 날이라는 사실을 잊고 사는 한국인은 없을 거야! 라는 말을 하며 그 집으로 달려가 삼겹살 구이 곱창구이 등을 시켜선 테이블 4개가 억지로 자리 잡은 가게로 비집고 들어가 그간의 고생을 항의하는 듯 맥주를 벌컥벌컥 마시며 고기를 집어 먹기 시작했다. 나의 모습을 볼 수 없지만 누군가 그날 나의 모습을 봤다면 마치 센과 치히로의 행방불명에서 센의 아빠가 이상한 마을에서 고기를 먹다 돼지가 된 모습으로 보였을 수도 있을 것 같다. 마침 마을도 애니메이션의 마을처럼 산들 사이에 숨겨진 비밀스러운 모습을 하고 있으니 말이다.

그리곤 또다시 비밀스러운 입구를 가진 펍 앞에 서 있었다. 입구는 끝이 보이지 않는 좁은 통로였고 파란색 조명이 가득했다. 그 길을 따라가니 다시 건물의 뒤로 중정 같은 공간에 은은한 조명과 함께 큰 나무한 그루 와 나무로 된 테이블들 또는 둘러앉을 수 있는 평상 또 큰 장작불 위로 엄청나게 큰 냄비가 걸려있었다. 냄비에는 뱅쇼가 끓고 있었고 사람들은 저마다 맥주 또는 칵테일을 들고 있었다.

나는 조용히 그곳에 스며들었다. 벽 쪽 구석진 곳에 자리를 잡았고 칵테일 한 잔을 시키곤 장작불을 바라보며 빠이 오길 잘한 것 같아! 라는 생각을 하곤 빠이스러운 밤을 보냈다.

둘째 날이 되고 난 빠이 하면 가장 먼저 생각나던 장면을 찾아 나섰다. 창문 하나 없는 카페의 천장을 겨우 받치고 있는 듯한. 얇은 나무기둥이 창문틀을 대신 하던 곳 그 창문틀 사이로 보이는 넓은 논과 밭 그리고 산까지 온통 초록 초록한 풍경이 보이는 그런 카페.

마을에서 얼마 벗어나지 않아도 온통 산과 논밭이 가득한 곳이라 몇분 만에 숙소에서 카페에 도착할 수 있었다. 카펫이 깔린 카페에 신발을 벗고 올라가 커피를 주문하고 방석 몇 개 가져와 세상 제일 편안한 자세를 취해 밖을 멍하니 바라봤다. 너무 포근했다. 새들의 지저귐 소리가 들리고 카페에서 보이는 뻥 뚫린 푸릇푸릇한 뷰까지 자연 그대로에 누워있는 느낌이었다. 시골길 바닥에 누워 있는 것과 무엇이 다른가 할 만큼 카페는 테이블 하나 없는 모습이었지만 천장이 있고 카펫이 깔린 바닥이면 나에게 길바닥과 카페를 구분할 정도의 안정감은

충분했다. 한국의 도시 근교에 있는 자연을 모방한 카페에선 왜 이 정도 느낌을 내지 못할까 생각하며 말이다. 낮엔 카페에서 자연을 보고 저녁엔 어두운 펍 장작불 불빛에 의지해 술을 마시는 이런 여유를 만끽하는 일상을 며칠 더 보내다 치앙마이 나의 자리, 나의 집, 나의 친구들에게로 돌아갔다.

낯선 곳에 혼자 살아간다는 건

한국에선 자라온 도시를 벗어나 살아본 적이 없었다. 초중고 12년 동안 전학 한 번 가본 적 없었고 학교 역시 작은 동네에서 다 나온 나였다. 동네가 작다 보니 지나다 보이는 사람은 친구의 아버지였고 동창이었다. 또 동네의 분식집 아줌마는 친구의 어머니이었고 핸드폰 가게의 사장님은 나의 핸드폰을 초등학생 때부터 지금까지 바꿔주고 있는 그런 곳이었다. 친구가 없어서 못 놀았다는 말은 나에겐 허용되지 않는 말이었다. 아니 생각조차 해보지 않은 일이었다.

여행을 몇 달씩 다녀본 적은 있지만 그조차도 한 도시가 익숙해질 만 하면 새로운 도시로 떠나곤 했기에 한곳에 오래 있어 본 적은 없는 나였다.

그런데 치앙마이 한 달 살기라는 말에 혹해 한 달짜리 숙소를 덜컥 잡아버린 나였다. 이후 일어날 후폭풍을 전혀 모른 채 말이다. 처음엔 모든 게 행복했다. 배낭 가득 꾸역꾸역 들어있던 짐들을 빼 옷장과 수납장에 차곡차곡 넣었고 아무도 침범하지 못할 그런 나만의 공간이 생긴 것 같았기 때문에 말이다.

매일 같이 아침에 눈을 뜨면 내 입맛에 맞는 집 앞 카페를 찾아 커피로 하루를 시작했고 저녁에 혼자 펍에서 먹는 맥주도 행복했다. 하지만 이 일상이 익숙해지자 외로움이 찾아왔다. 어느 날 하루를 되돌아봤다. 나의 행복한 치앙마이 한 달 살기를 잘 즐기고 있는지 말이다. 낮까지는 괜찮았다. 아침 먹고 늘 가는 카페에 가 이제는 메뉴를 말하지 않아도 먼저 아이스 아메리카노? 말해주는 직원이 내려주는 커피를 마시고 낮잠을 자다 한국인이 사랑하는 태국 음식 팟크라파오무쌉(바질돼지고기덮밥)을 늦은 점심으로 먹는 순간까진 말이다.

점심을 먹곤 2시부터 멍해졌다. 하고 싶은 게 없었다. 또 먹고 싶은 것도 없었다. 거기다 저녁엔 만날 사람조차 없다는 걸 깨닫고 한 번 더 좌절해야만 했다. 그렇게 멍하니 창밖을 바라보다 핸드폰으로 생각 없이 유튜브를 보다 보면 해가 뉘엿뉘엿 넘어갔다.

그때쯤이면 치앙마이를 처음 알게 되었을 때 만났던 2년 정도 치앙마이에 살았다는 형이 했던 말이 생각났다. 내가 여기 살아봤다니까 마냥 행복하고 좋았을 것 같지? 아냐~ 2시부터 6시 정말 우울한 순간이 온다? 뭘 하기는 늦었고 아무것도 하지 않기엔 이른 그런 시간에 자의로는 아무것도 하고 싶은 게 이젠 없고 그렇다고 나를 불러 줄이 하나 없는 그런 날이면 이 태국이라는 나라에 치앙마이라는 도시에 이 건물에 단 한 명이라도 내가 살아 있다는 걸 모른다는 느낌이 든다고 그럴 때면 끝없이 우울한 감정이 들고 타지에 산다는 건 그 외로움을 견디며 살아가는 거라고.

요즘의 나의 하루가 딱 그런 날들의 연속이었다. 그토록 원했던 한 달 살기이었기에 시작했지만, 이런 고충이 있을 거라곤 상상조차 하지 못해 대처 방법마저 미숙했다. 그저 해가 지면 아무 펍에서 혼자 술을 먹거나 사람들 가득한 재즈 바로 달려가 안에서 시키는 칵테일은 비싸다

며 길 건너 풀이 무성한 언덕에 앉아 가게에서 나오는 노래들을 듣곤
했다. 또 어떤 날은 목적지도 모른 채 치앙마이의 올드타운을 감싸고
있는 해자(성 주위에 둘러 판 못)를 끊임없이 돌다 맥도날드에 가 햄버
거 하나 먹곤 돌아와 오지 않는 잠을 청하곤 했다.

　그러면서도 이 도시를 떠나지 못한 건 그런 생각들이 머리를 떠나지
않는 날을 제외한 날들은 한국이었다면 경험하지 못할 행복들이 찾아
와서였다. 어느 날 아침에 눈을 떠 커튼을 걷다 본 창밖 풍경의 도이수
텝이 저 멀리 보이는 평화로움은 날 편안하게 만들었고 커튼을 가득
걷어버리고 침대에 누워 들어오는 햇살을 맞으며 에어컨을 켜고 이불

안으로 들어가 넷플릭스 시리즈들을 보고 있는 시간은 이래서 치앙마이 한 달 살기 하지. 라고 생각이 들게 했고 느지막이 일어나 씻고 나와 태국 친구들과 처음 가보는 곳을 여행 한다던가 여기서 만난 한 달 살기를 하고 있는 친구들과 비가 무지막지하게 오는 날 비를 겨우 피해 한집에 모여 바닥에 둘러앉아 맥주 한잔 마시며 각자의 일상들을 듣는 하루 또 어떤 날은 밤이 되고 재즈바를 갔다가 클럽으로 달려가 내일 없이 노는 순간까지 모든 순간이 행복이었다.

그렇게 행복한 하루를 보내다 누워 오늘 하루가 만족스럽다며 나도 모르게 미소를 짓고 있는 어떤 날 밤에 베트남에서 만난 어느 외국인이 나에게 해준 이야기가 생각이 났다. 종혁 마약이 무조건 사람을 행복하게 해주고 기분을 업 시켜주는 건 아니야. 나는 그때 그 순간의 감정을 증폭시켜 주는 거라고 생각해 네가 그때 기분이 행복하고 즐거우면 더 끝없이 행복하게 만들고 우울할 땐 끝없는 우울 속으로 빠지게 하기도 해 또 행복했더라도 약효가 끝나면 단지 평범한 일상의 기분으로 돌아온 거지만 평소의 행복감보다 더 행복했기에 일상의 기분으로 돌아왔을 때 기분의 낙차가 크니 우울하다고 느낄 수 있다고

그땐 마약을 할 것도 아닌데 이걸 왜 나한테 이야기 해주는 거야?!! 했지만 지금 생각해 보니 지금 나의 상황이 그랬다. 한국에 있었다면 겪지 않아도 또 겪어 보지 못할 우울감이 찾아오는 것은 치앙마이 한 달살기를 하며 한국에선 겪어보지 못할 행복한 날들이 있었기 때문이었다. 매일 어떻게 행복한 날만 있겠는가. 평범한 일상으로 돌아온 거지만 기분의 낙차가 크니 우울감을 느꼈던 것이다.

　이렇게 생각하니 마음이 조금은 편해졌다. 나의 생활이 너무 행복해서 그런 거라고 전혀 이상한 게 아닌 거라고 그렇게 생각하고 나니 내 일상은 변해갔다. 눈을 떠 아무도 찾아주지 않는 날도 집에 가만히 있는 것 보단 오토바이 헬멧 가득 눌러쓰곤 어딘가 훌쩍 떠나 길 가다 보이는 식당에 들어가 밥을 먹고 돌아와 평소와 같이 낮잠을 즐기다 밤이 되면 야시장을 혼자 돌아다니거나 항상 가던 재즈바가 보이는 길 건너 언덕에 앉아 재즈바에서 흘러나오는 노래를 들었다. 분명 비슷한 일상이었지만 마음이 바뀌니 모든 게 괜찮아졌다. 혼자임에도 외로움을 견디고 있지 않았다. 혼자임을 즐기고 있었다.

다음에 언젠가 또 혼자 어느 곳에서 살게 된다면 좀 더 의연한 마음가짐으로 살아갈 수 있을 것만 같았다. 여행지는 항상 그 자리 그 모습 그대로 아름다울 텐데 혼자라 외롭다고 우울한 감정으로 하루를 허비하기엔 아까울 테니 말이다. 이 도시 모든 곳이 아름다운 치앙마이를 남들 한 달 동안 즐길 것을 조금은 덜 봤을 수도 덜 즐겼을 수도 있지만 앞으로 여행 중에 찾아올 외로움을 견디는 마음가짐을 배운 것이 더 값지게 느껴졌다.

시간은 야속하게도 이러한 마음을 느껴갈 때쯤 나의 한 달 살기가 끝나가고 있었고 난 인도행을 준비하고 있었다.

Part.5

인도

인도와 첫 대면(러크나우)

한 달을 살았던 치앙마이 어딘가의 작은 원룸 옷장, 선반, 서랍장들이 비워졌다. 그리곤 나의 배낭은 다시 꽉꽉 채워졌다.

인도행 비행기를 타기 위해 방콕의 호스텔에 다시 머물고 있었다. 치앙마이에서 방콕으로와 바로 당일에 인도행 비행기를 탈 수 있었지만, 나에겐 마음의 준비가 필요했다. 지금까지 여행 중 여행지가 걱정 된다거나 미리 알아보는 것은 해본 적이 없었다. 하지만 많은 유튜버들이 경악을 금치 못하던 인도가 아닌가.

걱정되는 마음에 방콕에서 3일 정도 머무르며 태국과 헤어질 준비 또 인도를 맞이할 마음의 준비를 했다. 호스텔 한 켠 책장에 먼지 가득 쌓여있던 나온 지 10년은 된 듯한 프렌즈 인도 가이드북을 찾아 정독을 시작했고 인도를 다녀왔다던 여행에서 만났던 인도 여행 선배들에게 조언을 구하곤 했다. 하지만 돌아오는 대답은 가면 다될 거야! 별거 없어! 생각보다 좋을걸!? 이런 말들뿐이었다. 인도를 갔다 오면 다들 여행 고수가 되는 건지 나의 이 걱정되는 마음을 왜 아무도 몰라주는 것인가.

안 올 것 같던 날이 오고 이제 태국을 떠나면 언제 다시 올 수 있을까 아쉬워하며 인도행 비행기에 몸을 실었다. 다들 많이 가는 델리, 콜카타, 뭄바이로 들어가는 비행기가 아니었다. 비행기를 예약할 때쯤

라오스를 함께 여행한 나혜와 통화 하며 인도에 대해 이것저것 물어
봤다. 러크나우로 들어가! 거기가 지금 싸네! 바라나시도 가깝고 말이
야! 인도도 생소한데 더 생소한 도시 러크나우라니! 뭐 나에겐 큰 문
제는 아니었다. 어차피 델리나 콜카타나 나에겐 어차피 생소했기에
그 말만 듣고 러크나우행 비행기 안에 있는 나였다.

　방콕에서 러크나우로 가는 건 고작 4시간의 비행이었지만 지금까
지 탄 비행기 중 가장 힘들었다. 인도 사람으로 보이는 아이들은 시끄
럽게 좌석과 좌석 사이의 복도를 뛰어다녔고 어른들은 흐뭇하게 볼
뿐이었다. 결국 쪽잠조차 자지 못하고 뜬눈으로 비행기에서 내려 입
국심사장으로 향했다. 앞엔 10명 남짓 사람들이 서 있는 줄이 눈앞에
나타났고 그래도 입국심사는 금방 끝나겠지. 다행이라 생각하며 줄

을 서는데 정말 장장 2시간을 기다렸다. 10명밖에 없는 줄이 줄어들 생각을 안 하는 것이다. 거기다 한 번 더 놀라야만 했다. 입국심사 줄을 새치기 하는 사람들이 있는 것이다. 그 어떤 나라에서도 본적 없는 광경에 입을 다물 수가 없었고 나의 인내심은 정말 한계에 다 달았다. 찡그려진 인상을 더 이상 필수조차 없었다. 그러다 드디어 내 앞으로 사람이 입국심사를 하고 다음 순서를 기다리고 있었다. 그런데 저 뒤에서 어린 아들딸 손을 잡고 젊은 인도 남자가 걸어 나와 공항 직원과 대화를 나누고는 내 옆줄의 맨 앞에 서는 것이다. 그러자 그 뒤에서 기다리던 일본 아줌마들이 큰소리로 화를 내기 시작했다. 당연히 그럴 것이었다. 그들도 2시간 이상 기다리고 있으니 말이다. 그러자 직원은 나의 줄로 옮겨 세우려 했다. 평소였다면 어린아이들을 봐서라도 끼워주고 싶었으나 더 이상 마음의 여유라곤 찾아볼 수 없었다. 단호하게 직원에게 NO! 라고, 말했다. 그리곤 아빠의 손을 잡고 있는 아이들의 눈을 애써 외면했다.

입국심사가 끝나고 돌아가는 컨베이어벨트에서 배낭을 찾아 메곤 아까 앞에 세워주지 못해 미안한 마음을 덜어내려 혼자 미안해. 다음이 있다면 꼭 끼워줄게. 어려운거 아닌데 내가 아직 너무 못났나봐 라고 닫혀있는 입국심사장 쪽을 향해 중얼거리곤 심호흡을 하며 공항 밖으로 당당한 척 발걸음을 옮겼다. 공항 밖으로 나오자 이미 해가 지고 어두웠고 공항에 서 있던 인도 남자들이 미친 듯이 달라붙었다. 그 모습은 마치 깜깜한 밤에 인도남자들의 어두운 피부색 때문인지 수십 개의 눈과 입만 하얗게 둥둥 떠다니며 나에게 말을 거는 그런 모습이었다.

　그들은 계속해서 쉬지 않고 내 팔을 붙잡았고 말을 걸었다. 어디로
가? 나 오토릭샤(오토바이를 개조한 택시) 기사야 싸게 태워줄게, 호
텔이 어디야? 호텔 있어? 내가 잘 아는 곳 있어 담배 있어? 좀 줘봐.
난 무서웠지만 더 강하게 나가야겠다! 생각했다. 절대 얕보일 순 없
어. 그만! 내 몸 건드리지 마! 다신. 그리고 너희 도움 필요 없어. 하곤
앞만 보고 걸어 나갔다. 사실 어디로 나가야 할지 길도 몰랐다. 한참을
주차장 끝까지 걸어 나가고 나서야 정신이 좀 들었고 조금은? 아주조
금은 선해 보이는 깡마른 아저씨 같은 외모의 오토릭샤 기사를 잡고
호스텔 위치 사진을 보여줬다. 밤이라 유심은 살 수 없었고 가진 것이
라곤 태국에서 비행기 타기 전 호스텔 위치 주소를 캡처 해놓은 사진
한 장뿐이었다. 선한 얼굴로 싱긋 웃으며 오케이! 했지만 이 호스텔을
전혀 모르는 듯했다. 그러더니 주변의 택시, 릭샤 기사들에게 묻고 또
묻고 다녔다. 하지만 원하는 대답을 듣지 못했나 보다. 나는 답답함에
이걸 너 핸드폰 구글맵으로 내비게이션 찍으면 갈 수 있잖아! 핸드폰
줘봐!! 했더니 대체 몇 년도에 만들어졌을지 짐작도 안 가는 전화만
겨우 될 것 같은 까맣고 작은 2G폰 하나를 꺼냈다. 릭샤 아저씨는 잠
깐 고민하더니 오케이! 타! 가자! 하는 것이다.

　공항에서 나오자마자 만났던 인도 사람들은 하나 같이 그랬다. 내
가 유심 어디서 사? 물으면 오! 유심!! 나 알아! 저기 보이는 건물로 쭉
가면 돼! 라기에 그 건물로 가면 이미 문이 굳게 닫힌 건물이 보였고
거기서 찾지 못하자 보이는 다른 인도 남자에게 물어보자 당연히 안

다는 듯 또 완전히 다른 건물을 가리켰고 또 거기로 내 몸만 한 배낭을 메고 갔지만 유심 가게는 없었고 길을 모르는 데 왜 알려주는 건지 대체 이해할 수 없었다.

그런 상황에서 내비도 없고 호스텔 위치도 모르는데 자꾸 된다고만 하는 인도인들의 태도에 순간 짜증이 확 올라왔다. 너 위치 모른다며? 뭘 가! 하지만 내 짜증은 아무렇지 않다는 듯이 나 너 호스텔 찾을 수 있어 가자! 할 뿐이었다. 자포자기한 심정으로 후 그래 가자! 하며 짐을 릭샤에 던지고는 올라탔다. 그리곤 5분이나 지났을까 미친 듯한 경적소리가 끊임없이 도로에 가득 막힌 차들에서 울려댔다. 끔찍했다. 귀를 막아도 소리는 작아질 생각조차 하지 않았고 그 와중에 릭샤 기사는 지나가는 릭샤 기사 들을 세워 잡아 내가 캡처 해둔 호스텔 주소를 연신 보여주며 조금씩 움직이고 있었다.

미친 듯한 경적소리와 얼마나 이동했을까 길에 서 있는 한 인도 남자에게 릭샤 아저씨는 말을 걸었다 이 호스텔 어딘지 알아? 그러더니 그 남자가 운전석에 매달렸고 같이 달리기 시작했다. 그러다 이따금씩 갈림길이 나오면 손으로 방향을 알려주곤 했다.

하. 이게 지금 말이 되는 상황이야? 혹시 매일매일 이렇게 미친 경적 소리 속에 살아야 하는 거야? 한숨밖에 나오지 않았다. 그리고 벌써 난 절대 호구 당하지 않겠다며 다짐하며 릭샤 운전석에 올라탄 저 인도 남자가 혹시 나한테 돈을 달라고 하면 어떻게 화내야 할지 머릿속으로 생각 중이었다.

그렇게 점점 더 어두운 인적이 드문 곳을 달리기 시작했고 가로등마

저 불빛이 희미해 스산한 기분마저 드는 곳이 이어졌다. 길가의 쓰레기 더미에는 소들이 누워 자고 있었고 그 옆엔 반바지 하나 겨우 입은 사람들도 누워 잠을 청하고 있었다. 그러다 길을 알려주던 남자는 내렸고 기사에서 동전 하나를 건네받곤 쿨하게 떠나버렸다.

가격 내림차순으로 숙소를 검색하고 예약했다 보니 숙소는 너무 어둡고 외진 곳에 있었다. 저녁조차 먹지 못한 나는 오는 길에 보니 식당 하나 없는 동네라는 걸 알게 되었고 낙담하다 보니 호스텔에 도착할 수 있었다.

호스텔에 도착해 침대에 짐을 던져놓고는 거실로 나와 밥을 어떻게 해야 할까. 이 밤에 한참을 걸어 나가 식당에 갈 자신은 없었다. 소파에 앉아 배고픔을 애써 잊으려 먹어도 될지 고민하게 만드는 꼬질꼬질한 정수기의 물만 하염없이 들이켰다. 그러다 해외 택시 어플인 우버에 우리나라 배달의민족처럼 음식 배달이 가능했다는 걸 깨닫고 우버 앱을 들어갔으나 러크나우는 여행자들이 잘 오지 않는 도시. 우버이츠 서비스가 안 된다는 문구가 나왔다.

낙담하던 중 20대 초반으로 보이는 옆방 남자가 말을 걸어왔다. 어느 나라 사람이야? 나 한국 사람이야! / 나는 우뜨 라고 해 인도 사람이고 델리에 살아 학교 방학이라 여행 왔어! 저녁은 먹었어? / 아니. 아직 못 먹었어. 여기 혹시 배달 같은 거 시켜 먹을 수 있어? 그럼! 조마토(Zomato) 라는 앱이 있어! 깔아서 가입해 봐! / 그런데 내가 아직 인도 핸드폰 번호가 없어서 인증 번호를 받지를 못해. / 음 그럼 내가 주문해 줄게!

연신 고맙다는 인사를 하곤 음식을 고르기 시작했다. 인도 음식점들이 끝이 없이 나왔지만 아직 인도 음식을 먹을 마음의 준비가 되지 않은 나였다. 너무 배가 고픈데 주문했다 입맛에 맞지 않아 못 먹는 그런 끔찍한 일까지 겪고 싶지 않았기 때문이었다. 그래서 KFC의 햄버거세트를 하나 주문했다. 맥도날드, 케이에프씨, 버거킹 해외에서 한식만큼이나 걱정 없이 먹을 수 있는 것들이기에.

이 햄버거를 받을 때까지 한 시간이나 기다려야 했다. 그 시간 동안 인도식 영어 듣기평가가 시작됐다. 대화를 하다 하다 조심스럽게 이야기를 꺼냈다. 인도식 영어랑 미국식 영어랑 많이 다르다고 하잖아 오늘 인도 사람들이랑 대화하는데 내 영어가 부족해서 그런지 아직 인도식영어는 알아듣기가 조금 힘들더라? 라고 돌리고 돌려 이야기를 했지만 우뜨는 그치. 인도 사람들 영어는 알아듣기 힘들지? 근데 난 미국식 영어를 쓰잖아. 너한테 듣기 편할 거야!! 웃으며 우쭐하듯 말했다. 난 속으로 생각했다. 아니. 지금 너 영어가 너무 안 들려. 내가 지금껏 배워오고 써온 영어가 부정당하는 느낌이야. 내가 문제인걸까? 너가 문제인걸까? 내가 문제인 거라면 앞으로 나의 인도여행 쉽지 않을 거 같은데 어떡하지?

20대 초반의 우뜨는 한국인과의 첫 대화가 즐거운지 조금은 들뜬 듯한 말투로 정적이 싫다는 듯 말을 걸어왔고 대화를 하다 보니 배달이 도착했다. 우뜨는 음식을 받는 1층까지 나와 함께 해줬고 난 배달기사에게 돈을 전했다. 하지만 기사는 이미 앱으로 계산이 되었다며 돈을 받지 않는 것이다. 난 우뜨를 쳐다봤고 우뜨는 내 앱으로 주문

해서 내 카드로 결제 했어! 라고 말했다. 난 우뜨에게 돈을 건넸으나 우뜨는 손을 내저으며 한마디를 할 뿐이었다. 웰컴투 인디아, 인도에 온 걸 환영해 종혁.

이 인도에서 온 친구는 호스텔에서 한 시간 남짓 본 나의 무엇을 보고 이런 호의를 베푸는 것일까. 이 여행을 다니며 내 세상이 한번 바뀌었다. 이유 없는 호의는 없다며 생각하고 살아온 나였다. 그런데 자꾸 이유 없는 호의를 받는 일들이 쌓여갔다. 심지어 내가 나고 자란 한국이 아니라 난생처음 가보는 도시, 나라에서 말이다. 처음 한 두 번은 그냥 우연이겠거니 또는 혹시 호의를 보여주고 사기 치려고 접근하는 것이 아닌지 의심하기까지 했다.

하지만 이유 없는 호의들은 갖가지의 방법으로 쌓여갔다. 난 오늘 확실히 인정해야했다. 이유 없는 호의를 베풀 수 있다는 걸. 이걸 느꼈다는 건 나도 앞으로 누군가에게 이유 없는 호의를 베풀 수 있는 사람이 되었다는 걸 의미하기도 했다.

  호스텔 거실 소파에 함께 앉아 햄버거를 먹으며 우뜨가 나를 위해 틀어준 넷플릭스 한국시리즈를 보다 인도에서의 첫날밤이 지나갔다.

인도에서 보낸 나의 하루

인도 러크나우의 첫 숙소를 예약할 때 인도는 아직 도미토리에서 잘 자신이 없었다. 유튜브를 보니 배낭도 많이 훔쳐 가고 핸드폰도 들고 걷기만 해도 훔쳐 간다는 영상이 너무 많았기에. 이번 여행 처음으로 개인실을 예약했다. 물론 호텔은 나에겐 비쌌고 그나마 호스텔 중 개인실을 운영하는 곳을 찾아 예약했던 나였다. 창문하나 없고 에어컨은 기대할 수 없었지만 천장에서 돌아가는 나무로 된 날개들이 돌아가며 선풍기를 대신하는 방이었다. 이만하면 내가 안정감을 느끼기엔 충분했다.

첫날밤 자고 일어나 방에서 나왔지만, 이집의 대문을 나서기엔 아직 마음의 준비가 필요했다. 어젯밤 본 미친 듯이 혼잡한 도로, 끊임없이 울려대는 자동차 클랙션 소리가 너무 선명하게 눈에서 또 귀에서 그려졌다. 그래도 여행하러 왔는데 어쩌겠는가. 나가야지!! 아직 유심조차 없어 유심도 사고 바라나시로 가는 기차표를 사기 위해 나가긴 해야 했다. 꾸역꾸역 싫은 티 팍팍 내며 나갈 준비를 했다. 집 문을 나서려는데 우뜨가 말을 걸어왔다. 어디가? 나 유심도 사야하고 구경도 좀 하려고! 너 가방 항상 잘 챙기고 핸드폰 손에 들고 있지 말고 항상 주머니 아니다 너 주머니에 지퍼 없네! 가방에 넣고 지퍼 닫아! 나가기 전부터 걱정이 배가 되었다. 인도 사람이 저렇게까지 걱정을 하는 것이면 진짜 일 것이다. 그 나라에 여행 온 외국인들끼리 호스텔에서 어디 어디 위험하데 이런 행동하면 위험하데 같은 카더라통신 느낌의 스몰토크 중 나올 이야기와는 느낌이 달랐다.

길을 나서 앱으로 오토바이 택시를 불렀다. 어제의 엄청난 트래픽을 보고는 택시나 오토릭샤로는 어디 오도가지 못 하고 도로 중앙에서 하루를 다 보낼 것이라 확신했기 때문이었다. 하지만 그 선택을 하면 안됐었다. 한국처럼 오토바이를 타고 있는 사람에 대한 운전자의 배려 따윈 없었다. 아니 자동차 운전자들은 그러한 배려를 할 정신없는 게 당연하다 느껴지는 도로였다. 낮이 되니 더 확실히 보였다. 왕복 2차선 도로에는 소, 사람, 오토릭샤, 오토바이, 자동차, 길 개 들이 서로 다른 방향으로 움직이고 있었다. 인도에 대한 책을 읽다 말았더니 인도가 좌측통행인지 우측통행인지조차 모르고 있었다. 헌데 보통 도로를 10초만 봐도 알 수 있게 되어야 한다. 왜냐 자동차가 운행 방향이 우리나라와 같은지 반대인지만 봐도 알 수 있기에 말이다. 하지만 정말 놀랍게도 이곳은 알 수가 없었다. 차들이 방향이 다 제멋대로였다. 갑자기 차 한 대는 꽉 막힌 도로를 비집고 들어와 가운데를 통과해 지나갔고 앞엔 차가 분명 도로라면 진행 방향이 같을 테니 접촉 사고가 나도 앞차의 뒤 범퍼 와 뒤차의 앞 보닛 부분이 부딪혀 있어야 했으나 사고 난 곳의 차는 서로 앞부분으로 충돌해 있었고 사고 났다고 보험사를 부르거나 경찰이 오는 건 없었다. 아니 불렀어도 몇 시간을 걸려야 이곳까지 올 수 있을 것처럼 보였다. 그냥 서로 차에서 고개만 쏙 빼 고래고래 소리를 지르다 다시 차에 타 각자 갈 길을 갔다. 동서남

북 어느 방향에서든 울리는 클랙션 소리를 뚫고 내가 탄 오토바이 택시 역시 차와 차 사이를 이리저리 오토바이 한 대 들어갈 것 같은 공간이 보이면 파고들어 앞으로 전진 했고 방법이 안 보이면 인도로 올라와 달렸다. 그러다 사람과 스쳐 위험한 상황이 생기기도 했지만 서로 신경도 쓰지 않았다. 오토바이와 스친 사람도 그냥 자주 있는 일이란 듯이 지나갔고 오토바이 택시 기사는 뒤를 돌아보지도 않고 지나갔다. 그러다 지나가는 차에 살 짝씩 부딪히기도 하고 차와 차 사이를 비집고 들어가다 자동차 사이드미러를 쳐 접어버리기도 했다. 하지만 그냥 다시 접힌 사이드미러를 펴 주고는 떠나는 끝이었다. 실로 놀라운 도시였다. 더 놀라운 건 화내는 사람이 보이지 않았다. 꽉 막혀 움직이지 않는 도로에서 모두 클랙션을 눌러대고 있었지만, 표정은 밝았다. 여유로워 보였다. 아. 이 소리들이 사람들의 화, 불만 때문에 생기는 짜증 가득한 그런 소리가 아니었다. 아직 모두가 그렇게 클랙션을 쉬지도 않고 누르는 이유는 아직 모르겠지만 이 소음의 근원이 짜증이 아니라는 걸 알게 되고는 조금은 괜찮아졌다.

기차역으로 향하는 길이었다. 기차표도 사야 했고 러크나우라는 도시는 여행지들이 찾지 않는 도시라 유심을 어디에서 살 수 있는지에 대한 정보를 찾을 수 없었기에 기차역 근처엔 다 있을 거야! 생각하며 무작정 기차역으로 온 것이었다. 그렇게 기차역 부근에 도착했고 어딘지도 모르는 통신사를 찾아 헤맸다. 이 건물 안으로 저 건물 안으로 또 길을 걷다 눈이 마주치는 사람들을 붙잡고 물어보길 한참 건물 구석에 휴대폰 가게 하나를 드디어 발견했다. 가게로 들어가 유심이 필

요하다고 말했고 이게 비싼 금액 대 인지 싼 금액 대 인지 비교할 대상도 없었기에 울며 겨자 먹기로 한 달짜리 유심을 골랐다. 하지만 여권이 있어야 그걸로 등록 하고 유심을 발급할 수 있다고 하는 것이다. 절망적이었다. 여기까지 어떻게 힘들게 찾아왔는데 여권 가지러 호스텔로 갔다 다시 올 자신이 없었다. 침울한 표정으로 가게를 나서려는데 직원이 나를 불렀다. 오케이! 좋아! 내 이름으로 유심 등록해 줄게. 유심을 등록해 주곤 직원이 나의 폰에 자신의 번호를 찍었다. 러크나우 여행하다 문제가 생기거나 심심하면 연락해! 정말 도시 이름 그 자체 같은 하루였다. 러크나우는 스펠링이 Lucknow 이었다. 행운이 가득할 것 같은 도시에서 난 행운이 가득 따르는 그런 순간을 맞이했다.

행운은 여기서 끝이 아니었다. 유심을 등록하곤 이제 기차역으로 향했다. 기차표를 사는 법을 검색해 봤을 땐 앱을 통해 살 수도 있다고 들었다. 대신 앱에 가입이나 결제수단을 등록하는 방법이 너무 복잡해보여 디지털보단 아날로그지! 라며 그냥 기차역으로 향한 것이었다. 기차역에 도착하니 수많은 사람들이 줄도 없이 매표소 창구 유리에 붙어 무질서하게 표를 사고 있었다. 도저히 끼어들 수가 없었다. 직원 얼굴은 보이지도 않고 표를 사려 기다리는 사람들이 머리만이 가득 보일 뿐이었다.

그러던 중 한 인도 남자가 말을 걸어왔다. 기차표 사려고? 어디 가려고? 어느 나라사람이야? 또 질문 폭탄이었다. 아냐 아냐 안 도와줘도 돼! 라고, 해버렸다. 도움이 필요했지만 벌써 머리가 지끈거렸기 때문에 말을 더 이어가고 싶지 않았다. 그러자 음 나는 그냥 너 기차표 사는 거 도와주려고! 따라와! 하며 무질서한 사람들 사이를 비집고 나를 끌고 창구 앞까지 가 매표소 직원에게 소리쳤다. 이 친구가 기차표 사고 싶데 바라나시 가는 거! 다들 그 소리를 들었는지 표를 사려 기다리던 인도남자들 5명은 족히 넘어 보이는 사람들이 나를 둘러싸고 도와주겠다며 나섰다. 알고 보니 그냥 목적지를 말하고 시간과 좌석 클래스만 정하면 표를 주는 게 아니었다. 창구에서 주는 종이에 목적지, 출발 시간, 출발 편명, 출발 클래스를 미리 앱을 보고 직접 적어 창구에 줘야 돈을 주고 표를 살 수 있는 것이었다.

그곳에 나를 도와주려 모인 인도 남자들은 저마다 핸드폰을 꺼내 이 기차가 좋다 저 기차가 좋다 회의를 시작했고 나에게 하나씩 질문을 시작했다. 몇 시에 가고 싶어? 클래스는 어디로 할래? 등 질의응답 시간이 끝나고 창구에서 준 종이의 빈칸은 글자로 가득 채워졌다. 당연히 그 많은 사람들이 나를 도와주는 이유가 돈 때문이라고 생각했다. 후. 그래, 어차피 혼자였으면 사지도 못했겠네! 얼마씩이라도 줘야지 뭐. 생각하며 지갑에서 돈을 꺼내 처음부터 나를 도와줬던 인도 남자에게 돈을 건넸으나 내 예상과는 다르게 한사코 거절하는 것이다. 예의상 거절하는 한국 같은 문화가 있나 싶어 몇 번이나 권했으나 그는 완강했다. 그냥 외국인이라 도와준 거라고. 그렇게 또 한 번의 행운으로 기차표 구매를 멋있게 끝냈다. 도와준 이들에게 다시 한번 고맙다며 연신 손을 흔들어 보이곤 숙소로 다시 돌아갔다.

　돌아가는 길 역시 오토바이 택시를 불러 탔다. 왜 그렇게 끔찍하다고 생각했던 오토바이 택시를 다시 탔냐고 그때 누군가가 나에게 물었다면 난 더 이상 빵빵거리는 도로의 클랙션소리도 마냥 소음으로만 들리지 않았고 아슬아슬하게 차들 사이를 통과 하는 일도 꽤나 유쾌하다 느낄 만큼 이 인도를 아니 인도 사람들을 조금은 이해하게 되어서라고 말할 것 같았다.

나 바라나시를 사랑하게 될 수 있을까?(바라나시)

러크나우에서 바라나시로 가는 인도 기차의 2등석 침대칸 중 2층 침대 위였다. 평소 호스텔을 가도 2층 침대 중 1층을 선호하는 나였다. 아슬아슬한 사다리를 타고 올라갔다 내려갔다. 여간 귀찮은 일이 아니기 때문이었다.

하지만 이곳에선 난 무조건 2층을 선택해야만 했다. 기차를 예약하기 전 여러 블로그를 검색해 보니 1층 침대는 2층에 있는 사람들이 1층으로 내려와 나의 자리에 앉아 쉬며 이야기도 하고 밥도 먹고 놀다 자고 싶어지면 올라가 잠을 청한다는 것이다. 이해할 수 없는 문화였다. 분명 자기 자리가 정해져 있는데 내려와 앉는다니 말이다. 난 고민 따위는 하지 않았다. 2층을 예약하면 온전한 나만의 공간이기 때문에.

그렇게 4시간 남짓 달려 밤 11시 난 바라나시 기차역에 도착했다. 낯선 도시에 도착할 땐 낮에 도착 하는 걸 선호하는 나였다. 어두컴컴한 낯선 곳을 걷는 것보단 낮에 걷는 게 훨씬 편안한 마음이 들기 때문에.

하지만 여행이 내 마음대로 되겠는가. 자리 있는 기차표 겨우 구해서 온 나는 선택권이 없었다. 기차역 건물에서 나오자마자 또다시 엄청난 릭샤꾼들이 달라붙었다. 어디가? 택시 필요해? 릭샤? 식당 찾아? 후. 하지만 난 이미 이런 상황을 한번 경험 하지 않았는가 이미 기차역 안에서 마음에 준비를 마친 뒤였다. 그 누가 말을 걸어도 우버를 부르며 기차역 주차장 밖으로 나가 우버를 타겠다. 시뮬레이션 도 완벽했다.

앞만 보고 빠르게 걸어 나가니 아무도 나를 잡지 못했다. 말을 나에게 해와도 말을 끝까지 할 수 없었을 것이다. 빠르게 걸어가니 릭샤 필…(요해?) 릭샤 필… 정도까지만 들으면 됐다. 멋있게 기차역 주차장 밖까지 한 번의 방해도 없이 나왔고 이젠 릭샤만 찾으면 됐다. 대충 봐도 100대는 넘게 서 있는 듯한 릭샤들과 도로엔 1미터 도 전진 못하고 서있는 차, 릭샤들로 넘쳐났다. 아. 나 여기서 내가 부른 릭샤 찾을 순 있는 걸까? 릭샤기사와 통화를 하며 서로를 찾아다니기를 30분 드디어 만났다. 이 늦은 밤에 손님을 30분 찾아다닌 사람의 표정이 아니었다. 웃고 있었다. 내 표정은 짜증 가득한 얼굴이었는데 말이다. 나도 덩달아 기분이 좋아졌다. 웃으며 인사를 건넸다. 하이! 하우알유?!

릭샤기사는 바로 내 머릿속에서 바라나시를 생각하면 떠오르는 강이 흐르고 강변으로 시체를 태우거나 목욕하곤 한다는 강가(Ganga) 쪽으로 내달렸다. 하지만 릭샤는 생각하던 바라나시의 모습이 아닌, 그냥 도시의 한 골목 같은 곳에 섰다. 여기서부턴 골목이 좁아서 릭샤가 못 들어가 걸어 가야해! 사기일 수 있으니, 구글맵을 확인했다. 도보로 5분 사기이든 아니든 충분히 걸어갈 수 있을 거리였다. 릭샤에서 내려 골목 안으로 걸어 들어갔다. 어둡고 주황색 조명이 약하게 빛나는 골목이었다. 사람 하나 없었고 늑대가 아닌지 의심이 드는 길

개들이 누워 자고 있었다. 혹시나 깨우면 물린다. 라는 생각으로 정말 숨소리마저 참아가며 좁은 골목을, 개들을 피해 지나갔다. 구글맵 상으로 도착 1분 전 난관에 봉착했다. 작은 골목이 끝나고 조금은 넓은 길이 나왔으나 길 개 여섯 마리가 패싸움 중이었다. 서로 짖고 물고 부딪히고. 조용히 다시 골목 안으로 뒷걸음질 치곤 다른 곳으로 가길 기다렸다. 10분을 기다렸을까. 고개를 다시 골목의 끝 쪽으로 내밀어 봤으나 끝날 기미가 없어 보였다. 길을 돌아서 다른 골목으로 들어가 보기로 했다. 숙소 방향 쪽으로 골목을 돌고 돌아가지 만 막다른 길. 다른 길로 가 봐도 마찬가지였다. 한 길은 돌고 돌다 보니 다시 릭샤에서 내렸던 곳이 나왔다. 절망적이었다. 숙소 도착 1분 전에 숙소를 못 들어가고 이 자정이 넘은 바라나시 골목에 서있다니. 개가 무서울까 강도가 무서울까. 혼자 쓸데없는 고민을 시작했다. 내린 답은 둘 다 무섭다였다.

　그때 인도 사람으로 보이는 젊은 남자 3명이 골목으로 나타났다. 마치 구세주 같았다. 얘들아. 내가 저기 개들이 너무 많아서 못 가고 있어. 하 대한민국 남자로서 자존심이 상하는 일이었지만 다른 방법이 없었다. 이 친구들은 웃으며 숙소가 어디 쪽인데? 나 모나리자카페 쪽인 거 같아. 아 우리도 그쪽이야 같이 가자!

　나의 발걸음이 바뀌었다. 좀 더 당당한 발걸음으로 말이다. 걸어가다 보니 여전히 개들이 패싸움을 하고 있었다. 인도 친구들은 망설임이 없었다. 짖고, 서로를 물고 있는 개들 사이로 지나가며 본인에게 짖는 개의 엉덩이를 찰싹 때렸다. 상황종료 개들은 조용해졌고 모세의 기적처럼 길이 열렸다.

그렇게 도착한 숙소 앞 굳게 닫힌 철문이 나를 반겼다. 하 역시 뭔가 잘 풀린다고 했어 난 철문을 두드리기 시작했다. 하지만 아무 대답도 없었다. 포기하고 입구 옆에서 자고 있는 개 옆에 쪼그리고 앉아 개의 팔자가 나보다 나은 거 같은데 나도 그냥 옆에 누워 자야하나? 시답지 않은 생각이나 하고 있을 때쯤 철문이 살짝 열리고는 얼굴에 수염이 가득한 남자 하나가 나왔다.

웰컴 어서 와! 예약했어? 응 부킹닷컴으로 예약했어. 확인해 봐! 그렇게 나의 체크인이 끝나고 수염 가득한 남자에게 물었다. 근처에 물이나 음료 살 수 있는 곳 있어? 우리 팔고 있어 뭐 필요해 물? 콜라? 프레쉬 오렌지주스? 음. 프레쉬 한 거면 무조건 오렌지주스지!

1층으로 향했다. 입구는 철문으로 막혀있었지만 안에서 보니 1층은 커피, 빵, 식당까지 뭐든 다 하는 곳이었다. 수염 가득한 남자는 손도 씻지 않고 오렌지 껍질을 까더니 꼬질꼬질한 수동 착즙기에 넣고 즙을 짜기 시작했다. 물론 밑에 오렌지 즙을 받으려고 받쳐놓은 그릇 역시 설거지는 했을까 싶은 비주얼이었다. 너무 미지근한 오렌지주스를 건네받고는 방으로 향했다. 방은 할머니 집에서나 봤을 법한 꽃무늬 이불에 꽃무늬 벽지에 얼룩덜룩 검은 얼룩이 가득했다.

더러움에 무딘한 나지만 이불 안으로 정말 들어가기 싫은 비주얼이었다. 베드버그, 바퀴벌레가 이불을 들추어내면 100마리가 튀어나와도 이상하지 않을 그런 모습 그 자체이었다. 그리곤 벽엔 먼지 가득 쌓인 창문형 에어컨 하나가 보였다. 이 에어컨 쓸 수 있어? 난 물었다.

이거 고장 나서 못써. 응? 나 에어컨 있는 방 예약한 건데 못쓴다고? 응 지금 고장 나서 못써. 풀부킹이라 다른 방도 없어! 굉장히 자연스럽고 당당한 태도에 잠시 뇌 정지가 왔다. 보통 이런 상황이라면 직원에게 따지고 싸워야 하는데 화조차 나지 않았다. 응?? 응. 그래 인도니까 그럴 수 있지. 라고 생각하며 더 이상 싸울 힘도 없던 터라 직원을 돌려보내고는 들어가기 싫은 이불 속으로 들어갔다. 그런데. 이렇게 지나가는 개도 무섭고 더럽고 불편하고 불합리적인 일이 계속 일어나는데 나 바라나시를 사랑 할 수 있을까?

가장 성스러운 장소와 인도의 상관관계(바라나시)

 인도에서 바라나시는 가장 성스러운 곳으로 꼽힌다. 힌두를 믿는 인도 사람들 모두는 갠지스강이 흐르는 바라나시에서 죽기를 바란다.

 갠지스강은 시바신의 머리에서 흘러 내려오는 성스러운 강으로 여기며 강에 몸을 씻으면 자신의 죄가 씻겨 내려간다 믿고 죽은 뒤 갠지스강에 뿌려지면 과거의 업을 씻고 번뇌로 가득한 이 세상에 다시는 태어나지 않을 수 있다고 믿기 때문이다.

 갠지스강변의 숙소들이 문전성시라고 들은 적이 있다. 죽을 때가 다 되었다고 생각하는 힌두교를 믿는 인도 사람들은 스스로 갠지스강으로 향한다고 한다. 갠지스강변 숙소에서 죽음을 기다린다고 한다. 시체를 태우는 버닝가트에서 누군가는 태워져 재가 되어 갠지스강으로 들어가고 누군가는 바라보며 죽음을 기다릴 것이다.

 이러한 성스러운 곳과 인도가 어우러지니 이질감과 또 묘하게 섞여 자연스럽게 풍겨오는 바라나시만의 모습들이 눈에 들어왔다.

 바라나시에서 지내기를 며칠 매일 같은 일상의 반복이었다. 아침에 눈을 뜨면 이름은 카페인데 밥도 팔고 빵도 팔고 커피도 파는 그런 카페들에서 커피를 마시곤 골목 어딘가에 있는 젬베 학원으로 향해 젬베를 배웠다.

 재밌는 점은 일주일씩 한 달씩 등록 하는 게 아니었다. 하루치 돈을 내고 수업을 듣고 나면 젬베 선생님이 물어 본다 내일 올 거야? 음. 내일 그래 내일 올게! 그럼 선생님은 다음날 수업 스케줄이 머리에 있는 듯 그래 오전 할래 오후 할래? 나 오후! 음 오후는 안돼 바빠 오전 11시까지와! 왜 물어본 것인가 대체. 넵! 한마디 하고 학원을 나서면 됐다. 인도스러운 학원 운영 방식이었다. 내일도 할래? 오고 싶으면 와 가르쳐줄 테니 그리고 언제든 길가다 들려 하얀 천이 깔린 아니 원래는 하얀색이었을 천이 깔린 바닥에 누워 선생님과 짜이 한잔하거나 자유롭게 연습하다 갈 수 있는 그런 곳이었다.

젬베 학원이 끝나면 같이 젬베를 배우던 친구와 바로 앞에 있는 유명한 라씨(인도식 요거트)가게에서 라씨 하나 시키곤 수다 떨다 가트로가 강을 바라보거나 쿠미코 게스트하우스에 놀러 간다거나 배가 고파지면 식당으로 갔다. 아니 항상 배가 고파지기 전에 갔다. 대체 어떻게 요리를 하길래 어떤 식당이든 어느 메뉴를 주문하던 한 시간이나 걸렸다. 심지어 한식당에서 라면을 시켜도 한 시간이 걸린다. 이게 바로 인디안 타임인가. 밥을 먹고 나와 다시 가트로 가서 산책을 하는 게 일상이었다. 이 일상이 너무 쳇바퀴 같다고 느낄 때면 젬베학원 옆 영수네 팔찌가게에 가 팔찌 만들기를 배우곤 했다.

또 밤이 되면 호스텔 루프탑으로 올라가 멍하니 밖을 바라보곤 했다. 바라나시의 가트 근방 몇 킬로 안은 성스러운 곳이라 술 판매가 금지되어 있다. 술 없이 루프탑 이라니 나에겐 상상할 수 없는 일이었다. 그래서 함께 있던 친구들과 술 공수작전을 펼치기로 결심했다. 술을 파는 곳은 약 30분은 골목골목을 뚫고 지나가면 파는 곳이 하나

있다는 정보를 입수하고 바로 출발했다. 한참을 땀 흘리며 걸었을까 건물에 쇠창살 가득한 가게가 하나 나왔다. 가니 원하는 술을 말하면 쇠창살 안의 사람이 창살 너머로 손을 뻗어 술을 주는 시스템이었다. 술을 주문하니 신문지에 돌돌 술인지 모를 만큼 말아서 건네주었다. 그런데 그 신문지는 대체 어디서 난 건지 한국 신문이었다. 이 신문을 제작한 사람들은 알까. 찍어낸 신문들이 인도 주류 판매점 술 포장용지로 쓰인다는 걸 말이다.

그리고 술이 안 보이게 옷 안에 최대한 꼭꼭 숨기고는 다시 발걸음을 옮겨 한식당으로 향했다. 가는 길도 순탄치 않았다. 좁은 골목에는 소가 요지부동으로 서 있었고 소를 신성하게 여긴다 들어 골목 밖으로 밀지도 못하고 한참을 서있어야 했다. 인도 남자가 가장 성스러운 동물 소의 뿔을 잡고 당겨 골목에서 쫓아 보내기 전까지 말이다. 어느 한국인이 하사했다는 이름, 한국말을 나보다 잘하는 인도인 철수가 운영하는 한식당에 도착했다. 오랜만의 술인데 안주 제대로 먹어야 하지 않겠냐는 회의 결과를 반영하기 위함이었다. 양념치킨 하나 부침개 하나를 시키곤 정말로 또 정확하게 한 시간을 기다려 받을 수 있었다. 받자마자 치킨과 부침개가 식을까 호스텔 루프탑으로 올라갔다. 인도풍의 카펫과 평상 은은한 조명 모든 게 완벽했다. 인도 최대 성스러운 바라나시 어느 건물 옥상에서 한국식 양념치킨과 술이라니.

일상이 지루해질 때쯤 인도 최대 축제인 홀리 축제 기간이 다가왔다. 홀리 축제는 힌두력 기준 한 해를 마무리하고 새해를 맞이하는 봄의 축제였다. 형형색색의 가루를 서로에게 뿌리거나 바르는 축제로 색채의 축제라고도 불렸다.

바라나시 역시 전날부터 축제를 준비하는 분위기가 한창이었다. 각각의 골목에선 색색깔의 가루들을 팔고 있었고 꼬마들은 옥상 등에서 아직 하루 전인 축제를 이미 먼저 시작하고 있었다. 물총에 색깔 물들을 풀어 넣어 아직 축제를 즐길 마음에 준비가 되지 않은 사람들에게 뿌려대곤 했다. 나 역시 홀리 축제를 위해 준비해 둔 언제 버려도 되는 옷을 준비해 놓았지만, 오늘은 하루 전. 아직 옷이 준비되지 않았지만 꼬마들은 나를 향해 조준하곤 했다. 진심을 다해 부탁했다 얘들아. 제발 부탁해. 나만 봐줘. 내 뒤에 오는 사람 뿌리자! 나의 간사함은 통했고 골목에서 무사히 나갈 수 있었다.

밤이 되곤 숙소로 돌아왔다. 헌데 문이 닫힌 1층 카페 겸 식당에선 첫날 나의 체크인을 도와줬던 네팔에서 왔다는 수염 가득한 조쉬가 친구와 술을 먹고 있었다. 얼굴은 이미 홀리 축제가 시작 됐다는 듯이 노란색, 빨간색 가루들 가득 묻히곤 말이다.

마이 프렌드 너도 와 놀자! 조쉬가 나를 보자 반가운 듯 소리쳤다. 거부할 이유가 없었다. 그래! 축제 하루 먼저 시작하자!! 외치며 앉아 잔을 채우자 이름 모를 위스키와 콜라 등 음료와 안주들이 계속 나왔다. 내가 봤을 땐 사장님 몰래 식당 냉장고에서 다 꺼내먹는 것 같았다. 너 이래도 돼? 물었으나! 걱정 마 친구 내일은 홀리 축제고 물감 뿌리고 해서 가게들이 오전에 문 안 열어 사장 안 와! 즐겨!! 얼마나 마셨을까 둘이 먹으려고 사 온 작은 위스키가 동이 나고 내가 남겨두었던 절반 정도 남은 아껴뒀던 위스키를 꺼내왔다. 이야기를 하다 보니 한국에서 온 내가 봤을 땐 인도 사람이나 네팔사람이나 크게 다르지 않았다. 비슷한 외모와 체형 하지만 이들도 여기선 이방인이었다. 조쉬와 친구는 매일 밤 밤을 새우며 이 호스텔을 지켜야 했다. 그래야 인도에서 일을 할 수 있었던 것이다. 술기운이 좀 올랐는지 조쉬는 가족사진을 보여줬다. 20대로 보이는 아내와 이제 겨우 걸을 수 있게 된 듯한 아들 6개월에 한 번 겨우 보러 갈 수 있다고 보고 싶다고. 그러다 그간 서러움을 토로 하듯 소리쳤다! 종혁! 나도 네팔에서는! 이렇지 않아! 네팔이었으면 다 죽었어!! 소리치는 모습을 보고 있자니 마치 수염으로 가득한 얼굴 거대한 풍채 진한 눈썹 네팔 히말라야산맥에 호랑이가 있다면 이런 모습일까 싶었다. 그러면서도 야생에 있을 때가 가장 멋있을 호랑이가 동물원 쇠창살에 갇혀있는 느낌이었다. 타향살이가 꽤나 팍팍 한가보다. 조쉬의 외국살이의 힘듦 또 삶 을 이해한다고 다 독이기엔 동양에서 온 끼니 걱정이 뭔지 모르는 배부른 한국인의 말

이 건방져 보일까. 조용히 잔을 채워주는 것으로 난 위로를 대신했다.

가져온 위스키 반병이 비워지고 조쉬는 나를 어디론가 데리고 갔다. 건물의 두꺼비집 앞에 서더니 종혁! 에어컨 켜줄 게 시원한 밤 보내 근데 사장님한테는 비밀이야!

지금껏 내가 생각해온 인도는 사람이 살긴 팍팍한 곳인 거 같았다. 원숭이가 서식하는 많은 나라들에서 원숭이는 꽤나 위험한 존재로 통한다. 일본에서도 아프리카에서도 캄보디아 등에서도 사람을 무서워하지 않고 사람들의 물건을 뺏거나 위협하는 존재들이었다. 하지만 바라나시에서 본 원숭이들은 건물의 난간, 가로등, 전깃줄 등을 타고 이동하며 땅으로 내려오는 일을 본 적이 없었다.

인도의 꼬마들은 컴퓨터나 핸드폰이 없으니 심심하다며 원숭이들에게 돌을 던지곤 하며 놀았고 어른들조차 원숭이가 땅에 내려와 음식을 노릴 때면 몽둥이를 들고나왔다. 이렇게 전 세계에서 꽤나 위협적인 존재들이 인도에선 가득 움츠려 살아가야 하는 곳이었다. 사람은 얼마나 더 팍팍 하겠는가 하지만 하나는 확실히 깨달은 하루였다. 상식은 통하지 않아도 인정은 통하는 나라라고.

축제 당일 아침이 오고 나갈 채비를 했다. 홀리축제가 즐겁지만 사건사고가 끊이지 않는 축제였다. 안전하게 놀기 위해 바라나시에 있던 한국인 친구 5명과 만나 함께 움직이자 약속했던 터라 약속 장소로 향하려 호스텔 대문을 열었다. 열자마자 난 얼어붙어야했다. 문 앞에 인도 꼬마들이 바가지 가득 보라색 물을 들고 서 있는 것이다. 친구들이 멀지 않은 곳에서 내가 나오길 기다리는 모습이 보였다. 하지만 그 친구들조차 내 호스텔 문 앞의 아이들 때문에 더 오지는 못하고 바라만 보고 있는 것이었다. 어쩌겠는가. 가야지 난 한 번 더 간사함 스킬을 써야 했다. 얘들아 잠시만 내 말 좀 들어 봐 나 말고. 말을 끝내기도 전에 난 온몸이 보라색 물로 물들었다. 정말 호스텔 문을 나선지 10초도 되지 않는 찰나의 시간에 말이다.

매도 먼저 맞는 게 낫다고 그래, 어차피 젖을 거 미리 젖었다고 생각하자. 친구들은 내 모습이 꽤나 웃겼나보다 자기 일이 아니라는 듯이 흠뻑 젖어버린 나를 보고 웃더니 같이 걸은 지 3분이 채 지나지 않아 모두 나와 같이 형형색색의 가루와 물로 물들었다. 그저 우리는 서로를 보면 웃음만 나왔다. 어이없음의 웃음일까 해탈의 웃음일까 모르는 함박웃음을 서로에게 지어 보였다.

쿠미코 게스트하우스의 일본인여행자들이 그렇게 매년 홀리 축제를 잘 즐긴다는 소문을 듣고 우린 쿠미코 게스트하우스의 밑 가트로 향했다. 가는 길 골목 하나를 지날 때마다 통행료처럼 얼굴에 색 가루들이 발라져야 통과할 수 있었다. 가트에 도착해 엄청난 인파와 서로 얼굴에 색을 칠하다 또 손에 가득 가루를 들고 다니는 사람을 피해 달리기를 반복했다. 그리곤 우린 지쳐 가트 계단에 앉아 힌두교 어머니의 강 갠지스 강을 멍하니 바라봤다.

그런데 몇 몇의 인도 남자들이 마리화나를 피며 갠지스강을 바라보고 있는 것이다. 어머니의 강에서 마리화나라니 술조차 안 되는 이곳에서 마리화나라니 정말 아이러니한 광경이었다.

참으로 인도스러운 풍경이지 않을 수 없었다. 가장 성스러운 도시와 마리화나 이러한 이질감이 주는 신비로움으로 가득 찬 도시 내가 느낀 인도였다. 무수한 사기꾼들 속 바라는 것 없이 친절을 베푸는 사람들 또 엄청난 교통체증의 무질서함 속 차 안에서 웃음으로 일관하는 사람들 가장 성스러운 동물 소가 쓰레기 더미에서 자고 있는 모습들 에어컨이 되는 방이 안 되는 방이 되기도 했다가 다시 되는 방이 되기도 하며 양립할 수 없는 것들이 어우러져 살아갔다.

오늘이 지나면 일 년 뒤에나 만날 수 있는 축제를 아니 다시 인도를 올 때까지 만날 수 없는 축제를 더 즐기다 해가 지고 집으로 돌아갔다.

인도가 친절하다고?

홀리 축제가 끝이 나고 함께했던 5명 중 누구는 네팔로 또 누구는 어디론가 떠나고 나는 여행을 꽤나 사랑하는 듯한 시은이라는 친구와 둘이 남았다. 나의 다음 일정은 간단했다. 바라나시 다음은 자이푸르로 가는 게 국민 코스처럼 여겨지는 코스였기에 주저 없이 여행사를 찾아 자이푸르행 기차를 예약했다. 물론 이젠 인도가 꽤나 적응됐다고 느껴 2층 침대칸이 아닌 3층 침대칸을 선택했다. 그러던 중 시은도 자이푸르 가려고 했다며 같이 표를 예약했다.

하지만 여행사에서 표를 산다고 해서 무조건 갈 수 있는 건 아니었다. 우리는 계획 따위는 없는 여행자. 다음 갈 곳의 표를 미리 사두는 건 절대 있을 수 없는 일이었다. 앞으로 얼마나 재밌는 일이 생길지 모르는데 미리 표를 샀다가 더 못 즐기고 떠난다면 얼마나 아쉽겠는가. 그래서 이번 표 역시 따깔이라고 불리는 하루 전 취소 표가 뜨는 날 아침부터 기다려 취소표가 뜨고 잡으면 표를 살 수 있고 못 잡으면 표를 살 수 없는 시스템의 표였다.

하지만 나의 운을 믿기에 또 안 되면 하루 더 있으면 되는 거지 고민 따위 할 필요가 없었다. 다음날이 되고 오전에 눈을 떠 여행사를 찾았다. 따깔표는 보기 좋게 성공해 여행사의 배불뚝이 사장은 표를 우리에게 내밀었고 우린 그날 저녁 자이푸르로 떠날 수 있었다.

노을이 가득할 때 쯤 기차역에 도착했다. 시간에 맞춰 도착하는 기차는 있을 수 없다는 인도 기차는 이번에도 역시나 연착이었고 언제 도착할지도 모르는 기차를 계단에 앉아 한참 동안 기다렸다. 연착이 당연하다 생각하니 힘들지도 않았다. 사 온 간식을 먹다 노래를 듣다 둘이 쓸데없는 농담을 주고받곤 했다. 몇 시간이 지났을까 기차가 들어왔고 우린 같은 칸의 양쪽 3층 침대로 힘겹게 기어 올라가 누웠다. 앉고 싶어도 앉을 수 없는 구조였다. 2층 침대칸은 같은 높이의 기차에 침대가 2층이나 층고가 널찍해 앉아도 머리가 닿지 않았지만 3층 침대칸은 2층 침대만 넣어도 충분한 칸에 침대를 3개나 넣었으니 앉으면 머리가 닿았다. 하지만 꽤나 아늑했다. 1층과 2층 침대칸은 1층 사람이 자기 전까지 2층 침대를 접어 올리곤 모두 1층에 옹기종기 앉아 밥을 먹거나 수다를 떠는 듯 보였다. 지난번 2층 기차와 다를 게 없는 모양새였다. 그러니 3층은 얼마나 아늑할까 마치 맹수를 피해 나무 위로 기어 올라간 초식 동물들의 기분이 이러할까 싶었다.

기차에서 서로 앉지도 눕지도 않은 애매한 자세로 책을 본다거나 찍은 사진을 정리하는 서로의 모습을 보곤 웃다 자다를 반복하다 보니 아침이 되고 자이푸르에 도착했다.

자이푸르는 생각보다 너무 현대적이고 깔끔한 도시였다. 우린 깔끔한 루프탑 식당에 가 밥을 먹거나 그간 찾아볼 수 없던 에어컨이 빵빵하게 나오는 카페에 가 커피를 마셨고 중간 중간 관광을 했다. 그러다 유럽 호스텔 중에서도 꽤나 깔끔하며 힙한 곳들이 연상되는 호스텔에 돌아와 넓은 거실 소파에 앉아 각자 일기를 쓴다거나 맥주를 마셨다.

며칠이나 지났을까 공유와 임수정의 도시, 영화 김종욱 찾기의 낭만 가득한 도시 조드푸르로 떠날 준비를 했다. 기차표를 사려 구글맵에서 여행사를 찾아 떠났다. 얼마나 걸었을까 여행사가 있다고 나온 구글맵 상의 건물엔 빈 상가가 나를 반겼다. 옆 가게 물어보니 없어졌다고 한다. 후. 쉽게 되면 여행이 아니지라고 날 다독이며 다른 여행사를 찾아 오토바이 택시를 타고 또 이동했다. 이번엔 꽤나 도심 쪽이라 의심조차 하지 않았다. 하지만 도착하니 각종 보석들을 판매하는 작은 쇼핑몰이 나왔고 거기에서도 여행사는 찾을 수 없었다.

절망 가득한 표정으로 난 멍하니 쇼핑몰 입구에 서 있었다. 한데 누군가 뒤에서 말을 걸어오는 것이다. 어제 바버샵에서 자른 듯한 정갈한 머리, 인도영화에서 주인공들이 쓸법한 선글라스 체크 셔츠 꽉 끼는 청바지 알이 팔목에 꽉 차는 메탈 시계 그게 그의 첫인상이었다. 전형적인 인도 사기꾼이라고 의심해도 전혀 이상하지 않을 깔끔하면서도 촌스러운 느낌

하이 브라더 도움 필요해? 그간의 인도 사기꾼들 호객꾼들이라면 신물이 난 상태. 눈도 안 마주치곤 그냥 노 도움 필요 없어 가던 길 가! 하곤 계속 핸드폰으로 다른 여행사 찾기에 집중했다. 한데 가지 않고 서서 한마디 더 걸어왔다. 음. 난 사기꾼 아니고 그냥 너 단순히 도와주려는 거야 음. 이것도 안 믿긴다면 내 와이프는 일본인이야 그래서 동양인이 도움 필요해 보이면 도와주고 싶어서 그래 봐 봐 내 일본 신분증이야.

부끄러워 왔다. 호의로 다가온 사람을 눈도 안 마주치고 갈 길 가라

고 해버렸다. 그럼에도 한 번 더 나에게 다가왔다. 어떤 사람이 도와
주려고 말 걸었다 매몰찬 답변을 듣고 다시 한번 도와준다고 할 수 있
을까. 정말로 진심을 담아 그에게 사과했다. 그리곤 우린 통성명을 했
다. 그의 이름은 샨 여기서 보석 장사를 하고 태국에서 만난 일본인과
결혼해 딸을 둔 아빠였다. 그리고 이름부터가 무슬림이라는 걸 알려
주듯 그는 무슬림이었다.

　나는 네가 동양인이라 더 도와주고 싶었고 또 무슬림은 모두 남을
돕는 걸 좋아한다며 뭐 든 도와주겠다며 다시 한번 나에게 말했다. 나
조드푸르 가는 기차 예약해야하는데. 여행사가 가는 곳마다 문이 다
닫았어. 응 코로나 때문에 여행사들이 많이 문을 닫았어. 그런데 기다
려 봐 내가 일본 가고 할 때마다 이용하는 친한 여행사가 있어 전화해
볼게 그리곤 어디론가 전화를 걸더니 나의 출발 날짜 원하는 기차 클
래스 등을 묻더니 이내 전화를 끊고는 나에게 말했다. 예약이 다됐고

티켓 나한테 보내준대. 오면 너한테 보내줄게! 돈은 나한테 주면 돼! 응? 돈을 미리 나한테 받고 예약하는 게 아니라 이미 예약했다고? 너 나 믿는 거야? 난 장난스럽게 말했지만, 샨은 나는 너 믿어 그리고 기차표 금액이 직접 하는 것보다 조금 비쌀 수 있는데 여행사 수수료 때문이야 내가 가지는 거 아니니까 그것도 걱정 말고!

뭐야 샨! 감동이야 그럼 기차표 보내줄 때까지 우리 커피 마시자! 내가 커피 살게!! 그리고 우린 카페로 향했고 이런저런 대화를 나누던 중 시은과 저녁 약속 시간이 다가왔다. 나 한 시간 뒤엔 가야 할 거 같아! 어디 가는데? 친구랑 루프탑 바 가려고! 그럼 친구 여기로 오라고 해 내가 태워다 줄게! 응? 아냐 차 엄청 막히는데 너 힘들 거야. 괜찮아! 걱정 마 그렇게 잠시 후 시은이 카페에 도착했고 대화를 더 나누다 샨이 말했다. 너희 내일 우리집에서 저녁 먹지 않을래? 너희를 우리 집에 초대하고 싶어! 자꾸 이렇게 호의만 받아도 되나 싶은 생각이 들었지만 내 입 밖으로 나온 말은 그래! 그러자! 이었다.

그리고 우린 차를 타고 루프탑 바로 향했다. 샨은 가는 길 내내 보이는 건물들의 역사를 알려줬고 마치 가이드가 생긴 듯한 기분이었다. 하지만 시은은 아직 이 상황이 완전 믿기지는 않았나보다 근데 우리 진짜 내일 집 따라가도 괜찮을까? 여긴 다른 곳도 아니고 인도잖아? 인신매매 이런 건 아니겠지? 그 말을 듣고 말도 안 되는 소리 하지 말라며 웃으며 말하곤 창밖을 멍하니 바라보다 보니 막 불가능한 일은 아니긴 해. 라고 생각이 들었지만 이번엔 정말 이유 없는 호의를 의심 없이 호의로 받아보기로 했다.

무슬림이라 술도 안 먹는 샨은 우리가 술을 먹는 동안 옆에서 오렌지주스를 마시며 함께 했고 다 마시고 나와 집 앞까지 데려다주고는 집으로 갔다.

다음날이 되고 시은은 관광하다가 밥 먹는 시간에 돌아오겠다며 혼자 집을 나섰고 난 좀 더 여유롭게 쉬다 샨이 커피 한잔하자는 전화를 받고 집을 나섰다. 도착한 카페는 여기가 인도가 맞나 싶을 만큼 깔끔했다. 샨의 차는 발렛파킹까지 맡겨졌고 카페에 들어서니 셔츠와 슬랙스 구두까지 신고 친구들과 커피를 마시고 있는 사람들이 즐비했다. 인도 여자들은 원피스에 치렁치렁 반짝이는 장신구를 가득하고 있었다. 나는 반바지에 민소매 그리고 슬리퍼. 내가 초라하게 느껴졌다. 샨은 괜찮다며 나를 다독였다. 정말 오랜만에 인도 같지 않은 풍경이었다. 커피를 마시는 사람조차 인도 사람 같이 생긴 사람이 없었다. 거의 서양인에 흡사한 피부색과 얼굴이었다. 신기해 두리번거리니 샨이 말했다. 이 사람들 서양인 아니고 인도 사람들이야 인도에 카스트제도 들어봤지? 높은 계급들을 차지하고 부자였던 아리아인 혈통의 흰 피부를 가진 사람들이 같은 카스트들끼리만 결혼하니 아직도 흰 피부를 유지하고 있는 거야

실로 놀라웠다. 카스트제도가 폐지가 된 지가 언제고 학창 시절 교과서에서나 봤던 종이 한 장에 적혀있는 카스트제도는 나에게 와 닿지 않았다. 하지만 이 카페에서 난 확실히 알았다. 왜 카스트제도가 폐지되어야 했는지 인도 길거리의 사람들과 이 카페의 사람들과의 차

이를 교복을 입고 책상머리에 앉아 칠판을 바라보며 공부를 할 때보다 난 더 진지하게 샨의 이야기를 경청했다.

시은이 초대받은 저녁 식사에 가기 위해 카페에 도착하고 우린 샨의 차를 타고 집으로 향했다. 난 가볍게 밥 먹는 초대라고 생각했는데, 가는 길 샨이 말하길 종혁! 우리 엄마가 너희 온다고 낮부터 요리하고 있어 기대해! 생각보다 일이 커진 것이다. 일면식도 없는 우릴 위해 낮부터 요리하고 있다니.

요리를 해두고 기다리고 있을 샨의 부모님을 생각하니 마음이 급해졌다. 하지만 이런 내 맘을 아는지 모르는지 차는 미친 듯이 막혀왔고 가까운 줄 알았던 집은 자이푸르의 외곽으로 자꾸만 달려갔다. 얼마나 달렸을까 높은 철문이 하나 나타났고 샨의 동생이 철문을 열어줬다. 집의 크기가 궁궐이었다. 집안에 차고도 있었고 차고에서 이어진 계단을 타고 올라가면 높은 층고의 천장과 대리석이 깔린 집안이 나왔다. 우리가 도착하니 주방에서 요리를 마무리하다 나온 모습인 샨의 어머니가 나왔고 사람 좋은 미소와 함께 우리를 반겼다. 영어를 못하는 듯했지만, 반기는 모습과 표정에서 말하지 않아도 우릴 진심으로 환대 하고 있구나 느껴졌다. 그리고 거실 소파에서 익숙한 모습으로 티비를 보던 콧수염 가득한 샨의 아버지도 우리를 반겼다.

나도 그들의 환대에 보답하고 싶어 준비한 게 있었다. 바로 한국 라면 카페 근처 마트에 들러 한국 라면을 사왔었던 나였다. 항상 받기만 하며 다닌 여행이라 이번엔 나도 뭐라도 보답해 보고 싶었다. 받는 게 당연해지면 안 되기에 주방으로 들어가 나도 라면을 준비했다. 최대한 정성껏 내가 혼자 먹을 때 보다 딱 10배 정성을 쏟았다고 봐도 무방할 정도였다. 하지만 오랜 여행으로 난 라면조차 끓이지 못하는 몸이 되어버렸던 것이다. 라면의 국물은 다 없어졌고. 면은 불어 터졌다. 샨의 어머니가 해준 요리들 사이에 두기가 너무 민망한 수준이었다. 한숨 가득 쉬며 샨. 원래 라면은 이렇지 않아 내가 오늘 실패했어. 샨은 괜찮다며 나를 다독였지만 한국인으로써 라면 끓이기에 실패한 사람에겐 자비란 없다고 생각하며 살아온 나였다. 하지만 이미 실패한 걸 어쩌겠는가 대리석 바닥에 식탁보가 깔리고 요리들이 놓였다. 한국 솥 밥과 비슷한 닭과 함께 쌀을 익히는 정성 없이는 할 수 없는 치킨 비리야니가 정말 할머니 집 저녁식사 상처럼 어마무시한 양을 자랑하며 접시에 담겨 나왔다. 또 갈비찜이 생각나게 하는 양고기스튜와 빵과 난, 마지막으로 줄맞춰 누워있는 오이와 토마토 식탁보가 가득 차버렸다. 나의 라면은 너무 못 끓여서 부끄러워 식탁보 한쪽 구석에 조용히 뒀다.

　식사가 시작되고 오기 전에 했던 걱정들이 싹 사라졌다. 사실 인도 음식이 입에 안 맞을 때가 많은 나였다. 그렇다 보니 초대받은 가족 식사에서 맛있게 못 먹고 깨작거리면 안 되는데 하는 걱정을 하며 온 나였다. 하지만 너무 내 입맛에 찰떡이었다. 치킨 비리야니는 가게에서 먹어본 적이 있지만 그때 맛과는 차원이 달랐다. 이게 엄마의 손맛인가. 양고기 요리도 인도에서 먹어봤지만, 잡내가 너무 심해 식당에 가면 절대 시도하지 않는 요리였지만 얼마나 오래 끓이셨는지 고기는 잘 만든 갈비찜처럼 입안에서 씹자마자 사라졌고 잡내 역시 찾아볼 수가 없었다. 먹다보니 샨의 어머니는 자꾸만 우리의 앞으로 음식들을 가까이 주며 말없이 싱긋 웃으셨고 샨의 동생은 분명 불어 터져 짜기만 하고 맛없을 라면을 나의 정성을 생각해 주는 것인지 열심히 먹곤 했다.

밥을 다 먹곤 시은은 샨 동생의 아내와 딸 사진을 구경했고 난 샨과 옥상으로 올라가 어두컴컴한 동네를 내려다보며 이야기를 나눴다. 종혁 여기는 너의 인도 집이라고 생각해 줬으면 좋겠어. 언제든 오고 싶을 때 오고 가고 싶을 때 갈 수 있는 그런 진짜 너의 집 말이야 그냥 인도에 새로운 가족이 하나 생겼다고 생각해!

샨 나는 인도 사람들 중 나쁜 사람들이 너무 많다는 선입견이 있었어. 근데 너 때문에 그런 모든 생각이 사라졌고 인도가 좋아졌어. 다너 덕분이야. 근데 우리 이제 가족이면 내가 이제 형이라고 부르면 되는 거야?

그래 브로~! 언제든 여행하다 힘들거나 지칠 때 인도로 또 자이푸르로 돌아와 숙소도 잡지 마 잠도 여기서 자면 되고 밥도 우리 집에서 먹고 놀러 나가는 것도 나랑 같이 나가자!

듣기만 해도 마음이 가득 차는 듯한 말들이었다. 이 먼 타지 인도에 가족이 생기다니 여행하다 돌아갈 곳이 생기다니 아니 말뿐 이어도 좋다. 난 그간 장기 여행 중이라면 항상 함께 따라다니는 결여된 것들이 이미 채워졌다. 외로움, 안정감, 가족의 결여 같은 것들 말이다.

자이푸르 여행이 끝나고 조드푸르로 이동해 여행을 하다 인도여행

의 끝이 보이자 나의 인도여행을 되돌아봤다. 러크나우에 도착해 여행에는 꽤나 일가견이 있다고 생각한 나였지만 도착하자마자 다시 인도를 도망치고 싶었던 역겨운 냄새, 혼이 나가게 하는 경적소리, 너무 위험하게 달리던 오토릭샤, 나를 뚫어져라 쳐다보는 시선들까지

언젠가 그런 글을 봤다. 나에게도 땀 흠뻑 흘리며 열정적이었던 저 여름날 같은 날들이 있었던 것 같은데 이젠 에어컨만 찾는 건조한 어른이 되어버렸다고

나 역시 이 여행이 끝나고 한국으로 돌아간다면 그런 건조한 어른이 되겠지만 이 땀 흠뻑 흘리며 열정적이었던 이 무더운 여름날 같던 날들을 추억 삼아 하루하루 건조한 삶을 버텨내지 않을까 라는 생각이 들었다.

이젠 네팔로 향해 건조한 날들을 버텨낼 일들을 만들러 가볼까 한다.

Part.6

네팔

무식한 자가 용감하다(ABC 트레킹)1

인도여행 중 끝없이 들었던 말이 있다. 네팔은 안 가? 여기 바로 위 잖아? 또는 여행자들끼리 이전 또는 다음 여행지를 서로 묻곤 할 때 였다. 전 네팔에서 인도로 넘어왔어요. 또는 저는 인도 여행 끝나면 네팔로 가려고요!

원래도 계획 없는 여행 중이었지만 네팔은 정말 생각도 해본 적 없 는 곳이었다. 네팔? 얼마나 좋길래 한국인, 외국인 할 거 없이 인도다 음에 다들 네팔로 가는 거야?

그럼 내가 안 갈 수가 없잖아? 바로 네팔로 가는 방법을 찾기 시작 했다. 델리로 가서 비행기를 타는 방법, 바라나시에서 기차 타고, 버 스 타고 다시 버스 타고 가는 방법 비행기가 당연히 비쌌지만, 비행기 를 탈 수밖에 없었다.

네팔을 가는 사람 중 안나푸르나 트레킹을 안 하는 사람은 없는 것 이다. 걷는 걸 싫어하는 나지만 얼마나 좋으면 트레킹을 안 했다는 사 람이 없는 걸까. 도전하지 않을 수 없었다. 헌데 며칠 뒤면 가이드 없 이 가는 트레킹이 금지된 다는 기사를 본 것이다.

가서 가이드와 포터를 구할 수도 있고 안 구할 수도 있지만 일단 내 가 선택 할 수 있는 환경일 때 가는 게 맞는다고 판단했다. 그렇게 급 하게 조드푸르에서 인도여행을 마무리하고 네팔행 비행기를 타기 위해 바로 델리로 향하는 야간기차를 탔다.

　여기서 난 나의 운을 시험해 보기로 했다. 조드푸르에서 야간기차를 타고 내리자마자 몇 시간 뒤 카트만두로 가는 비행기를 타고 다시 두 시간 뒤 포카라로 가는 비행기를 예약했다. 연착이 당연한 인도에서 이 비행기들을 운이 좋아 탈 수 있다면 행운인 거고, 못 탄다면 의도치 못한 여행을 시작하는 거지 뭐!! 하지만 여행 중 이 이야기를 하면 다들 미쳤다고 했다. 하지만 난 자신만만했다. 그냥 뭔가 다 잘될 것만 같았다. 나의 이 긍정적인 기분이 도왔을까 정말 인도에서 처음으로 연착 한번 없이 카트만두에 도착했다. 여기서 살짝 걱정은 얼마 전 이 카트만두에서 포카라로 가는 비행기가 추락한 적이 있다는 것이다. 실제로 탑승하려고 보니 살면서 본 비행기 중에 가장 작았다. 작은 프로펠러가 양쪽으로 달려있었고 이게 날수는 있을까? 싶은 크기였다.

　이륙이 시작되고 비행기는 작다 보니 엄청나게 흔들렸다. 난 팔걸이를 있는 힘껏 붙잡고 있을 수밖에 없었다. 그렇게 30분쯤 비행했을까 비행기 창문 너머로 히말라야산맥이 펼쳐졌다. 입이 떡 벌어질 만큼 말이다. 수많은 산맥 중 그 유명한 에베레스트도 있겠지? 내가 에베레스트를 봤어!! 가슴이 벅차 왔다. 비행기의 무서움을 뚫고 말이다.

　해가 져 어두워져 버린 포카라 공항에 도착했다. 비가 추적추적 내리고 있었고 최대한 빨리 달려 택시에 올라탔다. 그간 인도에서 지내다 보니 돼지고기를 너무 먹고 싶었다. 인도 힌두의 나라답게 소고기도 팔지 않지만 어째서인지 돼지고기도 없었고 오히려 채식 메뉴가 주를 이루는 나라였다. 그렇게 닭고기 요리만 먹은 지 어언 한 달이 넘었던 터라 한국식 삼겹살집이 문 닫을 시간이 다가와 급하게 택시를 탔던 것이다.

숙소체크인도 하지 않았다. 오랜만의 삼겹살을 먹는데 시간에 쫓길 순 없는 것 아닌가. 택시 기사에게 난 나 식당가야 하는데 문 닫을 시간 얼마 안 남았어 빠르게 가줘!!! 라고, 간곡히 부탁했다. 택시 기사는 내 맘을 아는지 억수 같은 빗속을 뚫고 달렸고 영업종료시간 한 시간 전 가게에 도착할 수 있었다. 도착하자마자 삼겹살을 주문했고 삼겹살엔 또 소주 아니겠는가 그런데 한국 소주 처음처럼을 팔고 있었지만 한 병에 2만 원이 넘는금액. 난 좌절해야했다. 그러던 중 산소주라는게 눈에 들어왔다. 보니 네팔에서 한국소주를 모방해 만든 술이라는 것이었다. 주문하니 한국 소주 반만 한 크기에 병이 플라스틱 재질이었다. 하지만 모양, 맛 90%이상 유사했다. 이 정도면 충분하지! 잔을 채우곤 잘 구워진 삼겹살 한 점을 먹는데 충격이었다. 삼겹살이 너무 느끼하다 생각될 정도였다. 그간 한참을 돼지고기를 먹은 적 없을 뿐더러 이렇게 기름기 많은 삼겹살 부위를 먹을 일도 없다 보니 씹을 때마다 입에 고소한 기름이 팡팡 터지는 기분이었다. 와. 삼겹살이 이런 맛이었구나. 그리곤 입을 씻어내듯 소주를 한잔 털어 넣으니 천국이었다. 나의 고생길이었던 인도여행을 보상받는 기분이었다.

하지만 그간 여행으로 위가 줄어들었는지 삼겹살 한 줄을 겨우 먹은 게 끝이었다. 남은 삼겹살이 너무 아까웠다. 정갈하게 놓인 반찬들에 절반은 남아 보이는 밥까지 말이다. 하지만 더 이상 먹을 배가 남아있지 않아 아쉬운 마음을 뒤로하고 알딸딸한 기분으로 비를 맞으며 숙소를 찾아 헤맸다. 비도 오고 어두워지니 예약한 호텔이 보이지 않는 것이다. 10분을 비를 맞으며 이 골목 저 골목을 헤매다 길다가 보인 현지인에게 겨우겨우 길을 물어 골목 깊숙한 곳에 있던 호텔을 찾아 체크인 할 수 있었다.

다음날 눈을 뜨고는 한국인들이 트레킹을 준비할 때면 항상 찾는다는 윈드폴게스트하우스를 찾았다. 인도에서 만났던 안나푸르나를 트레킹 했던 한국인들이 무조건 추천하는 곳이었다. 하지만 이미 풀 부킹으로 예약할 순 없었다. 여기는 이미 풀 부킹이라 혹시 트레킹 준비나 정보 얻으려면 어떻게 해야 해요? 물어도 그냥 숙박 안 해도 돼! 그냥 윈드폴게스트하우스를 찾아가 사장님이 친절하게 도와주실 거야 너무 좋으신 분들이시거든!

처음엔 이해가 되지 않았다. 본인 게스트하우스에서 숙박도 하지 않는 사람이 찾아가도 가이드나 포터를 연결해 주고 트레킹시작점까지 가는 차량을 예약해 주고 트레킹 정보를 알려주거나 하는 일들을 도와준다는 것이 말이다.

하지만 정보를 얻어야 했기에 쭈뼛쭈뼛 게스트하우스의 활짝 열려 있는 대문 앞에 섰다. 이미 누군가 사장님과 테이블에 앉아 이야기하고 있었고 사장님은 나를 보곤 들어와서 앉아요! 차 좋아해요? 차 한 잔해요 그렇게 자연스럽게 그 대화에 합류했고 시시콜콜한 일상적인 대화를 듣고 차를 마셨다. 사장님과 차를 마시고 있던 한국 여자는 이제 막 10일이 넘는 트레킹을 하고 내려온 참이라고 했다. 그땐 몰랐다 이 친구와 아프리카 여행을 함께 하게 될지. 그땐 그렇게 가벼운 인사를 하곤 헤어졌다.

난 그 친구가 가고 나서 트레킹에 대해 이야기를 했다. 사장님은 음 트레킹 언제 하려고요? 음. 모르겠어요. 최대한 빨리요?? 음 그럼 퍼밋은 받아왔어요? 네? 퍼밋이 뭐에요? 그렇다 난 정말 아무 정보도 찾아보지 않고 온 것이었다. 사장님은 말했다. 음. 산 올라갈 수 있는 허가증 같은 거예요. 그럼 내일 트레킹 가는 분 2명 있는데 그 두 분이서 트레킹 시작점까지 가는 차량을 예약했으니 그거 같이 타고 갑시다! 일단 지금 퍼밋부터 받고 와요! 그렇게 갑작스럽게 오토바이 택시를 타고 퍼밋을 받고는 사장님이 좋아한다는 석류주스를 두 잔 사서는 돌아왔다.

그리곤 사장님이 물었다. 가이드나 포터는 안 필요해요? 음. 얼마나 하나요? 하루에 3만 원 정도면 가이드 겸 포터 구해줄 수 있어요. 5일 정도 트레킹을 하니 15만 원 5일이나 내 짐을 들어주고 가이드 해주는 금액이면 전혀 비싼 금액은 아니었다. 그런데 그 돈이 얼마나 아깝게 느껴지던지. 없이 혼자 올라갈게요! 내뱉어버렸다. 이게 얼마나 큰 후폭풍을 가져올지 모른 채 말이다.

생각해 보니 등산화조차 없는 나였다. 등산스틱, 침낭, 날진 물병, 등산복은 사람들이 두고 간 물건들을 모아두셔 사장님이 다 빌려주셨지만 등산화는 내 사이즈에 맞는 게 없었다. 알고 보니 많은 등산용품 점에서 등산화를 빌려준다는 것이다. 그렇게 다시 길거리로 나가 등산용품 점들을 돌았다. 금액도 다양했다. 하루에 2천 원부터 5천원까지 난 무조건 싼 거로 줘!! 사이즈 맞는 하루에 2천 원짜리 등산화

를 빌리고 랜턴, 아이젠을 사고 돌아왔다.

돌아와 다시 윈드폴의 테이블에 앉는데 익숙한 뒷모습의 사람이 보였다. 그렇다 얼마 전 바라나시에서 함께 홀리 축제를 즐겼던 현우였다. 그때도 대화를 많이 하진 않았던 터라 어색 어색한 인사를 나누고 있는데 현우와 함께 네팔로 향했던 도미도 내려와 반갑게 인사를 했다.

이렇게 반갑게 다시 만난 사이끼리 무얼 하겠는가. 술이었다. 1차는 허름한 감성 가득한 한식당에서 파전과 네팔식 막걸리를 먹었다. 근데 도미는 맛이 밍밍한지 거기에 산소주를 섞어 버렸다. 그때부터 문제의 시작이었을 것이다. 몇 병이나 비웠을까 우린 그간 못했던 이런 저런 이야기들을 나누었고 첫날 갔던 삼겹살을 파는 한식당으로 2차까지 간 것이다. 인도 여행 중 술을 거의 안 먹었던 나는 가득 취해버렸다. 그리고 기억도 희미하게 집으로 돌아와 잠에 들었다.

다음 날 아침이 되고 끝없는 후회를 해야 했다. 누가 4,000m가 넘는 고산을 올라가기 전날 이렇게까지 과음을 한다는 말인가. 짐을 제대로 챙겨 나왔는지도 모르게 어질어질한 상태로 윈드폴 게스트하우스로 향했다.

무식한 자가 용감하다(ABC 트레킹)2

휴가를 받아 친구와 트레킹을 하러 왔다는 한국인 여자 두 분과 함께 차량을 타고 트레킹 시작점까지 이동했다. 이야기를 나누는데 트레킹을 너무 좋아해 한국에서도 엄청 자주 다닌다고 이번 트레킹 너무 설렌다고 말을 하며 본인도 모르게 미소를 띄고 계셨다. 생각만 해도 좋은가보다. 생각하다 난 물었다. 아직 트레킹을 하는 이유를 사실 알 수가 없기에. 아니 이 힘든 게 좋으세요? 등산은 고통의 연속 아닌가요? 끝없는 오르막길과 또 올라가면 다시 내려와야 하잖아요. 이번에 올라가 보시면서 한번 느껴보세요. 올라갈 때 힘들지만 잡생각이 없어져요. 오롯이 이 산에 또 이 푸릇푸릇함에 집중을 할 수 있고 생각 정리도 되고요. 그러다 정상에 오르면 그 성취감은 말로 할 수 없는 것 같아요!

음. 아직은 잘 모르겠지만 한번 느껴볼게요! 말은 이렇게 했지만 믿지 않았다 힘들기만 하겠지 뭐. 그러면서도 산으로 향하고 있는 내가 바보 같기도 했다.

얼마나 달렸을까 둘과는 향하는 방향이 달라 갈림길에서 내려야 했다. 서로 안전한 트레킹을 기원하곤 무거운 배낭을 들쳐 메고 한발 한발 걷기 시작했다. 술이 확 깼다. 푸릇푸릇한 나무와 풀들이 나의 길 양쪽으로 가득 끝없이 펼쳐졌고 중간중간 시원한 소리와 함께 계곡들이 흐르곤 했다. 그렇게 노래를 들으며 산뜻한 발걸음으로 몇 시간을 걸었을까 이상함을 느끼곤 이어폰을 귀에서 뺐다. 길이 없었다. 눈 앞엔 무성한 풀들만 가득했다. 어디서부터 잘못 들었을까 분명 길이나 있었는데 돌아가 봐도 등산로는 나오지 않았고 다시 막힌 길의 앞에 서 있었다. 그렇다 길을 잃은 것이다. 억지로 거꾸로 돌아 걸어가다 또 다른 길로 빠질까 일단 눈앞에 무성한 풀들을 등산스틱으로 헤치며 앞으로 나아갔다. 하. 가이드 쓸걸. 그 돈 뭐가 그렇게 아깝다고 안 써서 이 고생하고 있는 거야! 후. 네팔정부에서 안나푸르나 트레킹시 가이드 동반 필수로 바꾼 이유가 실족사 나 길을 잃는 등 사고가 끊이지 않아서 인데 너무 바보 같았음을 자책하며 걷다 보니 눈앞엔 계곡이 나를 가로막았고 계곡을 두고 양쪽으로 솟아있는 봉우리를 연결하는 출렁다리가 보였다. 저기로 가면 다시 길을 찾을 수 있겠구나!! 안도했다. 아니 안도하다 이내 절망해야 했다. 출렁다리로 가려면 거의 암벽등반을 해야 했다. 다른 길을 찾아봐도 없었다. 그렇게 무거운 배낭과 함께 돌들을 조심히 밟아가며 가파른 산을 올랐다. 발 한번 잘못 디디면 금방이라도 밑의 계곡으로 빠질 것만 같은 길들이었다. 꾸역꾸역 돌들 사이로 나뭇가지들을 잡고 겨우겨우 출렁다리의 시작점에 오를 수 있었다. 가방을 바로 땅으로 던져버리곤 안도감과 함께 다리에 힘이 다 풀려버려 한참을 앉아 있었다. 그러다 이내 일어섰다. 이렇게 지체할 시간이 없었다. 롯지가 있는 곳까지는 해지기 전까지 가야 또 길을 잃어버리는 불상사는 피할 수 있기에 또 지금 시기는 오후 2시~3시가 지나면 비가 많이 오는 시기였다. 첫날 얼마나 걸었을까 눈앞에 엄청난 길이의 출렁다리가 나타났다. 비석에 적힌 글을 보니 자그마치 300m가 되는 출렁다리가 산봉우리를 연결하고 있었고 밑엔 계곡이 흐르고 있었다. 물론 출렁다리는 안전했겠지만 고소공포증이 있는 나에게는 마치 영화 실미도에서 산과 산으로 연결된 외줄 밑으로 돌이 가득한 바닥을 줄 하나에 의지해 지나가는 것과 같은 느낌이었다. 솔직히 돌아갈까 생각을 수천 번을 했다. 지금 어찌어찌 지나가더라도 돌아올 때 다시 한번 건너야 된다는 건 너무 끔찍한 일이었다. 한참을 다리 앞에 서서 건너지 못하고 고민하다 끝내 마음을 먹었다. 가자! 나중에 돌아보면 이 출렁다리? 생각도 안 날 거라고 지금 잠깐 무서운 거라고 참을 수 있다고 다독이며 한발 한발 내딛기 시작했다. 옆에서 외국인들도 나를 응원했다. 밑 쳐다보지 말고 정확히 딱 앞만 보고 걸어 너 할 수 있어!

중간쯤 가자 다리는 사람들이 걷는 진동과 바람 때문에 끝없이 흔들렸다. 다시 한번 돌아갈까 싶어 후들거리는 다리를 잡고 뒤를 돌아봤다. 하. 돌아가기에도 너무 멀었다. 다시 한발 한 발 내디디며 겨우 다리를 건너왔고 먼저 건너온 서양인 무리가 나에게 엄지를 세워 축하해 줬다.

이젠 어려울 게 없었다. 큰 고비 하나 넘겼으니 조금 더 걸었을까 지누단다 롯지에 도착해 짐을 풀곤 지쳐 쓰러졌다. 그러다 나와 커피 한 잔을 주문하곤 밖을 바라보는데 세차게 비가 내리고 산을 뒤덮는 안개는 장관이었다. 롯지 식당 테이블에 앉아 한참을 안개로 뒤덮인 산을 바라봤다.

그렇게 이틀째가 지나고 셋째 날 아침 아침을 안 먹으면 걸을 수 없다는 사실을 깨닫고 롯지 식당에서 푸석한 오믈렛과 토스트를 우걱우걱 억지로 집어넣고 다시 산을 올랐다. 이때 문제가 발생했다! 그 몇 천 원이 아까워 빌린 가장 싼 하루 2,000원짜리 등산화가 양쪽이 다 터져 안으로 진흙과 눈이 다 들어왔다. 앞으로 갈 길이 얼마나 먼데 이런 일이 생기는지 절망다 투덜대다 걷기를 한참을 얼마나 갔을까 뱀부 라는 롯지가 있는 곳을 향하고 있는데 정말로 가는 길이 온통 대나무 투성이었다. 대나무를 보며 걷고 있는데 자꾸 대나무가 바람 때문에 흔들리는 정도가 아니라 정말 세차게 흔들리는 것을 느꼈다. 나무 하나가 아니라 이곳저곳에서 말이다. 길에 멈춰서 이어폰을 빼고 대나무의 끝을 조용히 바라보는데 험상궂게 생긴 원숭이 무리가 계속 나를 따라오는 것이다 그것도 나를 계속 바라보면서 너무 무서웠다. 이 길 위엔 앞뒤로 나밖에 없었고 다시 한번 가이드를 쓰지 않은 걸 후회해야했다. 하. 티 안 나게 조금씩 빠르게 걷기 시작했다. 원숭이가 따라오는지 계속 힐끔 쳐다보면서 말이다. 원숭이들은 한참을 가서야 사라졌다. 나 이 트레킹 끝까지 안전하게 잘 끝낼 수 있을까?

히말라야호텔 롯지에 도착했다. 여기가 2,930m이니 이제 해발 3,000m를 눈앞에 두고 있었다. 여기서부턴 고산병에 유의해야 했다. 하지만 준비성 따윈 없는 난 트레킹 전날 술만 먹다 뻗어 잤으니 고산병 약 따윈 살 시간도 없었다. 낙천적임이 나의 장점이라 했던가. 난 아닐 거야 난 괜찮을 거야 난 강하니까! 나에게 주문을 걸 뿐이었다.

여기서 쉬는데 네팔 카트만두에서 왔다는 수잔과 수잔의 삼촌을 만났다. 3일 만에 사람과의 대화였다. 난 반가운 마음에 수잔에게 캔 음료 하나를 사주고 대화를 이어 나가고 있었다. 그러던 중 수염 가득한 누군가가 나에게 말을 걸어왔다. Are you korean? / Yes I am 그러자 아 한국인이세요? 그렇다 우린 둘 다 한국인이었지만 그간 등산으로 한국인의 행색을 잃어버린 지 오래였다. 이미 한국에서도 트레킹을 즐긴다는 이분은 나에게 같이 올라갈 것을 제안했다. 거절할 이유가 없었다. 아니 거절할 수 없었다. 마치 가이드가 생긴 것 같은 기분 또 대화를 나누며 올라갈 친구가 생긴 게 아닌가.

이미 트레킹 경험이 많았던지라 2,920m 인 여기서 마차푸차레 베이스캠프 3,700m까지 오늘 다 올라가고 거기서 자고 다음날 바로 안나푸르나 베이스캠프 찍고 내려옵시다! 라고 제안하는 것이다.

사실 이미 오늘 충분히 고도를 많이 올렸기에 천천히 체력 안배를 하며 올라가는 것이 맞았다. 하지만 저 사람 따라가면 힘들더라도 정말 마차푸차레 베이스캠프까지 올라갈 수 있을 것만 같았다. 마라톤도 페이스메이커가 있으면 더 잘 달릴 수 있는 것처럼 말이다.

조금 있다 느낄 힘듦은 조금 있다 나에게 책임을 전가하고 좋다고 마차푸차레 베이스캠프까지 가자고 말해버렸다. 그렇게 그날은 누군가 함께이기에 좀 더 힘차고 빠르게 산을 올랐다. 데우랄리의 롯지들을 지나 이제 막 마차푸차레 베이스캠프로 향하고 있는데 엄청난 우박과 함께 우릴 가로막은 건 산사태로 무너져 내려 눈이 쌓여 없어진 길이었다.

포기하고 다시 데우랄리로 돌아가고 있는데 이마에 있는 줄로 등 뒤 큰 바나나 잎 바구니를 지탱하며 산사태로 없어진 길로 걸어가는 셰르파가 보였다. 우린 저기 산사태로 길이 없는데 너 다른 길 알아? 응 갈 거면 따라와 근데 꽤 힘할 거야! 우린 선택권이 없었다. 가는 길을 돌아가는 것 보단 좀 힘들더라도 올라가는 게 맘이 편했다.

하지만 정말 길은 너무 험했고 저 무거운 짐을 지고 가는데 셰르파의 속도는 너무 빨랐다. 미끄러지기도 했고 나뭇가지들에 찔리기도 하며 이게 길이 맞나 싶을 정도로 험난한 길을 이어가다 도저히 따라가지 못하고 포기했다. 이런 상태로 고도를 계속 올리다간 절대 고산병을 피할 수 없을 거라는 생각이 들어서였다. 그렇게 잠시 쉬다 내렸던 우박이 땅에서 녹으면서 셰르파의 발자국들이 선명히 나 있어 우린 셰르파의 발자국들을 따라 이동했다.

그러다 정말 높은 봉우리의 끝에 우린 서 있었다. 아래로 끝없는 절벽이 자리했고 엄청난 안개와 바람 소리가 자연의 무서움이 무엇인지 똑똑히 알게 해주는 그런 순간이었다. 더 조심히 더 조심히 발을 헛딛지 않기 위해 노력하며 걷다 보니 오늘의 목적지 마차푸차레 베이스캠프에 다다를 수 있었다.

식당으로 들어가니 많은 사람들이 카드 게임의 하거나 차를 마신다거나 밥을 먹고 있었다. 그렇게 우리도 앉아 대화를 이어 나가다 가이드 없이 올라온 수잔 가족과 러시아에서 온 친구 또 나와함께 하고 있는 한국인까지 5명은 안나푸르나 베이스캠프를 새벽 일찍 일어나 일출을 보러 가자며 원정대를 결정했다. 그러다 우리도 밥을 먹기 위해 주문을 하려는데 내 상태가 이상함을 직감했다. 이상하게 계속 머리가 지끈거리고 몸에 힘이 빠져가고 속이 계속 울렁거려 입맛이 없었다. 난 아닐 거라고 생각한 고산병이 찾아온 것이었다. 밥을 먹지 않겠다고 말했지만 밑에서 만났던 수잔 가족과 옆자리의 러시아친구가 안 된다며 내일 올라가려면 뭐든 먹어야 한다고 재촉했다. 조금만 있다 먹을게. 말하며 방으로 와 침대로 쓰러졌다. 그리곤 정말 아무것도 할 수 없었다. 지끈거리는 머리를 부여잡고 추운 밤을 잠 못 들며 지새웠다 그러다 새벽 4시 약속을 지키기 위해 나왔다. 내 몸 상태가 정상이 아니라는 걸 알고 있었다. 방문을 나서는데 갑자기 구토가 올라와 화장실로 달려가 토를 하곤 거울을 보고 아무 일도 없었다는 듯 세수를 하고 나왔다. 혹시나 내가 상태가 안 좋으니 같이 가기로 한 친구들이 여기서 쉬라고 할까 봐서였다.

여기까지 왔는데 어떻게 안 갈 수 있겠는가. 죽어도 목적지에 도착해서 죽겠다는 결심을 하고 보이지 않는 길을 걸어갔다. 그날 눈떠 랜턴과 아이젠을 찾는데 출발하는 날 숙취와 함께 짐을 쌌더니 놔두고 온 모양이었다. 아이젠도 없고 랜턴도 없이 깜깜한 눈밭을 걸어갔다. 먹은 게 없으니 몸에 힘은 빠져왔고 눈만 겨우 뜨고 걷는 꼴이었다. 이러다 쓰러지면 안 되는데 흠. 걸어야 하는데 분명 올라가는 길에 보니 60대도 70대도 또 가녀려 보이는 사람들도 이곳을 찍고 내려오는 것일 텐데. 이렇게 힘들 걸 해냈다고? 나만 이렇게 힘든 건가? 고민하는 순간에도

숨이 가빠져오고 머리는 더욱이 아파왔다. 하지만 티를 낼 수 없었다. 다 같이 힘든 순간 아닌가. 그렇게 한 시간 반 정도 걸었을까 하늘

이 밝아져 왔고 저 멀리 신기루처럼 보이는 안나푸르나 베이스캠프를 볼 수 있었다. 하지만 정말 신기루 인 것인지 눈에 보이지만 잡을 수가 없었다. 아무리 걸어도 말이다. 한발 한발 앞사람 발만 보며 걸었다. 더 이상 보이지만 잡을 수 없는 것에 의지해 걸을 수만은 없었기에 그러다 맨 앞에 가던 수잔이 소리쳤다!! 우리가 해냈어!! 앞을 보는데 안나푸르나 베이스캠프 4130m 각국의 국기들이 가득한 표지판이 눈앞에 있었다. 수잔과 나는 부둥켜안으며 이 행복을 함께 했고 각자 서로의 사진을 찍어주는데 한동안 멍하니 표지판과 설산들을 바라만 봤다. 머리가 깨질 듯한 고통도 잊은 채 말이다. 실로 장관이었다.

하늘 높은 줄 모르고 솟아있는 설산과 360도 어딜 둘러봐도 하얀 세상 거기다 눈물이 날 정도의 성취감까지. 제일 마지막으로 기념사진 한 장 찍곤 롯지로 올라가 따뜻한 차 한 잔을 마시고 하산을 시작했다.

하산 역시 쉽지 않았다. 첫날 꼬박 8시간을 넘게 내려와 촘롱의 롯지에 짐을 풀었다. 너무 오래 내려왔는지 무릎이 아파져 왔고 등산화는 앞이 다 터져버려 더 이상 신을 수가 없었다.

다음날이 되고 등산화를 비닐봉지에 넣고 배낭 앞부분에 끼워 넣고는 크록스를 신고 남은 길을 재촉했다. 한참을 걸었을까 다시 처음 나를 절망케 했던 300m의 출렁다리가 나타났다. 너무 힘들고 지쳤는지 그날만큼 무섭지 않았다. 당당히는 아니지만 주저 없이 다리를 건너기 시작했고 중간쯤 가서 나도 모르게 바라본 발밑에 다시 다리가 떨려오고 심장은 빠르게 뛰어갔다. 뒤에서 수잔의 할 수 있다는 응원을 받으며 심호흡하며 끝까지 걸어간 끝에 다 달아 다시 한번 쓰러졌다. 다시금 걷기를 한참을 시내로 가는 미니밴을 잡아타곤 포카라 시내에 내려 윈드폴 게스트하우스로 향해 절뚝이며 걸어가 사장님의 안쓰러운 표정을 보자 아, 이제 드디어 다 끝났구나 생각이 들었다. 그렇게 체크인한 방은 가장 꼭대기 층의 옥상에 있는 방이었다. 원래는 커플들한테만 주는데 특별히 준다고 고생했다고 푹 쉬라는 말과 함께 키를 건네받곤 방으로 들어가 침대에 쓰러져 생각했다.

종혁아 난 네가 해낼 수 있을 줄 알았어. 고생했어.

실로 나는 알았다. 결국 그 힘든 길들도 무서운 출렁다리를 건넌 것도 결국 뒤에 돌아보면 찰나의 순간이고 행복했던 안나푸르나 베이스캠프를 올랐다는 성취감과 아름답던 그 베이스캠프의 뷰만 기억되리라는 것을 말이다.

이게 그간 힘들고 어려운 일들을 걱정 없이 도전하는 이유이다. 돌아보면 아무것도 아닌 일들일 텐데 무엇이 무섭고 힘들겠는가 말이다. 이 긴 여행도 현생에서의 취업도 또 어떤 어려운 일도.

Part.7

유럽

구글맵으로 가려졌던 풍경을 마주하다(베니스)

두바이와 아부다비를 거쳐 나폴리를 지나 이탈리아 베니스로 향하는 야간버스 안 이었다.

베니스는 나에게 그런 곳이었다. 태국과 마찬가지로 장기간 여행 중 나에게 안정감과 익숙함을 줄 수 있는 곳 이미 베니스 여행은 4번 이상 마친 상태였고 20대 초반시절 3개월을 지내기도 한 곳이었다.

그간 계속 새로운 곳에 노출되다 보니 신기하고 설레기도 했지만 피로도는 두 배씩 쌓여가는 중이었던 것이다. 그래서 조금 더 비싸더라도 바로 이탈리아로 들어가자! 안정감과 함께 하는 휴식이 필요해!! 가 나의 결론이었다. 동유럽의 다른 도시들로 가는 비행기는 훨씬 저렴한 것도 많았으나 나는 장기여행자 체제비를 생각 안 할 순 없었다. 돌고 돌아 베니스로 들어가는 동안 드는 숙박비와 교통비가 더 부담이었다. 하물며 유럽이지 않은가.

이러한 장기 여행에서 물가가 비싼 유럽, 미국 등의 나라에 오래 머문다는 건 자살행위나 다름없다고 생각하는 나였기에 말이다. 정말 딱 내가 다시 가고 싶었던 나라들만 찍고 유럽을 탈출하기로 결심했다.

그렇게 베니스 로마광장에 실로 오랜만에 발을 내디뎠다. 하지만 역시 재건축과 증축 하물며 실내 인테리어까지 시에 허가를 받고 해야 하는 세계 유네스코의 도시. 변한 게 하나도 없었다. 아니 변하지 못한 것일 수 있겠지만 그간 10년간 몇 년 주기로 계속해서 방문한 베니스는 항상 변하지 않았다. 그래서 좋았다. 변하지 않음이 주는 느낌은 나에게 최고의 안정감이었기에.

수상버스를 타지 않고 걸어서 숙소로 향했다. 사실 수상버스가 더 편하겠지만 3개월을 지내며 돈이 아까워 수상버스조차 타지 않고 걸어 다닌 나였기에 걷는 길이 나에게 더 익숙하게 느껴졌고 실로 수상버스를 타는 것 보다 더 빨랐을 것이다. 베니스 수상버스가 빨라 보이지만 골목골목의 길을 아는 사람이라면 분명 걷는 게 더 빠르다고 자부할 수 있었다.

그렇게 한 치의 오차도 없이 숙소를 찾아냈다. 가는 길 내내 익숙한 길이었다. 내가 머리가 좋은 건지 변함없는 베니스이기에 가능한 것인지 기억을 더듬어 가며 작은 운하 위로 자리한 다리 위에 꽃을 기억해 냈고 응! 그렇지 이 꽃이 보이면 좌회전이야! 그리곤 낙서 된 벽이하나 보여야 해! 그렇지! 거짓말처럼 낙서 된 벽이 눈앞에 나타나고 길이 머릿속으로 그려졌다.

내가 예약한 곳은 부킹닷컴에서 최저가 순으로 정렬하면 젤 상단에 나오는 숙소. 가장 저렴하다고 하지만 1박에 8만 원이 넘는 도미토리였다. 이때 생각한 건 아. 외식은 무리겠구나. 였다. 하루에 이미 숙박비로 8만 원을 지출하는데 외식까진 할 순 없는 나였다. 지지리 궁상인 일주일이 되겠지만 그게 문제가 되겠는가 내가 베니스에 있는데 말이다.

좁고 꼬질꼬질한 숙소의 오래된 나무 침대에 내 짐을 던져 놓고 창문을 열어 작은 운하가 내려다보이는 뷰에 나 베니스에 오긴 가봐!! 혼자 호들갑을 떨다 나와 거리로 향했다. 매일 밤이면 하릴없이 서 있던 아카데미아 다리 위로 또 저렴한 와인 한 병 사 들고 앉아있던 수상버스 정류장 옆 벤치로 하루 종일 하릴없이 다니다 보니 어느 날 조금은 심심한 느낌이 들었다. 원래 항상 혼자 하던 여행인데 왜 이런 감정이 드는 건지 한참을 생각했다.

아! 나 인도나 네팔에서 또 다른 아시아에선 길만 걸어도 나에게 관심 가지는 사람이 많았고 그런 불편한 관심이 싫기까지 했는데 갑자기 유럽에오니 정말 완벽한 이방인이 된 느낌이라 그 누구도 나한테 관심이 없는 것 같으니 외로운 감정이 또 심심한 감정이 드는 것 같아!

웃겼다 과한 관심이 너무 싫었는데 그게 그리워지다니.

거기다 문제는 심심하지만 길가다 또는 숙소에서 친구를 사귀어 여행 할 수도 없었다. 여행자들의 일반적인 씀씀이를 맞출 수가 없는 나였다. 같이 식당에 가 밥을 먹고 계산할 때 손 떨려 어떻게 계산 하겠는가.

그냥 철저한 이방인처럼 베니스를 여행했다. 평소 자주 가던 곳에 가 바다를 바라보며 멍하니 있다 돌아오는 길에 마트에 가 재료를 사와 파스타를 만들거나 냄비로 밥을 만들어 먹고 밤 산책을 나가는 게 하루일과의 끝이었다.

하루에 사람과 하는 대화라곤 호스텔에서 장기 숙박 중인 이탈리아 친구와 주방에서 밥 먹으며 하는 대화가 끝이었다. 내가 파스타를 만드는 날이면 항상 같이 먹었고 친구는 이탈리아 특유의 맛있다는 손제스처를 끊임없이 해주곤 했다. 하지만 한국인이 만들어 주는 파스타라니 마치 이탈리아 사람이 나에게 김치찌개를 만들어 주는 느낌일까 싶어 웃음이 났다.

밥을 먹고 나면 다시 야경이 아름답다는 리알토다리 위로 올라갔다. 올라갈 때마다 느끼는 거지만 와, 라는 감탄사 말고는 할 수 있는 말이 없는 곳이었다. S자 대운하가 눈앞에 펼쳐지며 운하의 양옆으로는 몇백 년이 됐는지 알 수 없는 고풍스러운 건물들이 물 위에 떠 있는 듯한 광경. 정말 베니스이기에 베니스여야만 보여줄 수 있는 풍경이었다. 난 이러한 풍경을 얼마나 많이 자주 봤겠는가. 언제부턴가 다리에서 많은 사람들이 서 있는 쪽의 반대편. 분명 같은 다리인데 혼자 덩그러니 있는 쪽에 서 있는 일이 많아졌다.

항상 유명하고 빛나며 사람들로 왁자지껄한 베니스에서 마치 혼자 있는 나같이 느껴져 나라도 그곳에 서 있어 주고 싶었다.

어떤 하루도 평소처럼 혼자 나가 산책을 하고 있을 때였다. 20대 초반 베니스에 몇 개월 지내며 들었던 말이 기억났다. 구글맵도 길을 틀리는데 다반사인 이 118개의 섬을 400개의 작고 큰 다리로 이어져 있는 이 베니스에서 누군가에게 길을 물어보고 싶다면 땅을 보고 있는 사람에게 물어봐라였다. 왜냐고 물으니 처음 온 사람은 건물 벽에 적혀있는 표지판을 보려고 하늘을 보며 걷고 조금 익숙해졌지만, 아직 모든 게 신기한 사람은 앞을 보며 걷고 여기에 사는 사람은 이젠 매일 보는 풍경에 모든 게 시큰둥한지 바닥을 보고 걷는다는 게 대답이었다.

실로 그랬다. 많은 사람들이 하늘을 바라보며 표지판을 찾거나 구글맵에 얼굴을 박고 길 찾기에 급급해 보였다. 이 아름다운 베니스를 온전히 볼 수 없어 보였다.

그렇게 생각하니 하루에 3만 명 이상이 방문하는 이 복잡한 대 관광지에서 난 이 베니스를 온전히 바라볼 수 있는 많지 않은 사람 중 하나였다. 길을 찾으려 구글맵에 코를 박고 있을 필요도 없었고 표지판을 찾으려 애쓰고 있을 필요도 없었다. 길을 다 알지 않은가 내가 다니는 길들이 다르게 보이기 시작했다. 누군가는 보지 못하고 지나가는 길일 수 있으니 말이다. 이렇게 생각하니 눈에 들어오는 모든 것들이 소중해졌다.

골목 어딘가 있는 머리가 흰 백발의 할아버지가 하는 와인가게 처마에 달린 장식도 누군가는 길을 찾다 다다른 막다른 길에서 한숨 쉬며 돌아 나오기 바쁜 세 걸음만 걸어 내려가면 운하로 이어지는 계단이 있는 그런 곳도 또 관광객은 가지 않는 섬 끝의 공원에 가서 바라보는 이 인공 섬에서의 몇 없는 푸릇함도 말이다.

미친 물가에 일주일 겨우 예약한 숙박이라 베니스를 떠나야 할 시간이 얼마 남지 않았다는 걸 알게 되었다. 나름의 플렉스를 하겠다.

마음을 먹고 집을 나섰다. 큰 빈 물병 하나를 들고는 3유로만 내면 병 안을 원하는 와인으로 가득 채워주는 집으로 가 한 병 가득 채우고 는 다시금 큰 마트로 향해 플라스틱 컵 하나 또 최대한 싼 1.5유로짜 리 생 모짜렐라 한 봉지 또 이탈리아 하면 프로슈토(생햄) 아니겠는 가. 이건 가장 저렴한 것 중 한 단계 위의 금액 대를 사는 것으로 이 건 플렉스가 맞다는 당위성을 나에게 부여하곤 바다로 이어져 있는 계단에 앉았다.

바다 맞은편의 섬엔 힐튼 호텔이 우뚝서있고 나의 왼쪽으로는 대형

크루즈선에서 손을 흔들며 인사하는 사람들이 새끼손가락 보다 작은
크기로 보이고 있었다.

　항상 이 베니스를 떠나올 때 한 생각이 있었다. 다음번엔 꼭 저 힐튼
호텔에서 잘 수 있을 정도로 돈을 많이 버는 사람이 되어서 돌아올 거
야! 그리곤 저기 보이는 방 창문으로 여길 바라볼 거야 예전을 추억하
며 말이야! 아! 손엔 와인 한잔에 호텔 가운을 입고 있는 걸 빠트리지
않을 거야! 또는 저 크루즈 선을 타는 거야! 무더운 날 땀 뻘뻘 흘리며
장보고 무거운 장바구니를 들고 돌아오는 길에 마주친 크루즈선의 사
람들에게 밑에서 손을 흔드는 게 아니라 내가 저 높이 있는 크루즈선
위에서 여유 넘치는 인사를 건네는 거야!

　하지만 지금 난 그때 모습과 다른 게 없었다. 그때 지지리 궁상이었을 때 배운 베니스에서 싸게 먹기 싸게 놀기 스킬을 유감없이 발휘 하는 중이라고 해도 과언은 아니었다. 하지만 우울하지 않았다. 오히려 행복했다. 전 세계 사람들이 꿈꾸는 여행지 베니스에 있는데 또 이 3유로짜리 신선한 와인과 치즈, 프로슈토 한 봉지 살 수 있는 돈이 있고 그 어떤 비싼 레스토랑의 뷰 보다 아름다운 뷰를 바라보며 와인 한잔에 짭조름한 프로슈토를 손으로 찢어 입안으로 넣고 있는데 무엇이 더 필요할까 생각이 들었다.

　지금 생각해 보면 저 비싼 힐튼호텔에 숙박하고 싶거나 크루즈 선에 타고 싶었던 게 아니라 베니스에 돌아오고 싶은 마음을 그럴듯한 이유를 만들어야 했던 건 아닌가 라는 생각이 들었다. 그 큰 물병에 와인을 다 비울 때까지 앉아 언제 다시 올지 모를 베니스를 바라봤다.

산티아고 순례길 왜 가는 걸까? (포르투갈)

이 비싼 유럽에 더 이상 못 있겠어!! 서글퍼!! 라고 소리치고 싶었지만 조용히 속으로 외치며 침대를 박차고 나왔다. 파리의 어느 한인 민박 도미토리 방안이었다.

나에겐 4번째 파리였다. 유럽 배낭여행을 하겠다며 배낭을 싸고 나왔던 그때들과는 달랐다. 유럽 여행에 맞는 예산을 모으고 넉넉하진 않지만 부족하진 않게 들고 여행했던 때와 비교하면 나이는 더 먹었고 나의 직장에서의 연봉은 올라갔지만 장기여행자가 돼버린 지금 이 유럽에 할애할 수 있는 돈은 전보다 작아졌다.

밥 대신 빵이 됐고 집 밖을 나가지 않는 날도 생겼다. 이 아름다운 낭만의 도시 파리에서 칩거 생활이라니 아이러니 했다. 하지만 나의 예상보다 일찍 도착하게 된 파리는 아직 추웠다. 지갑이 얇으니, 추위는 날 더 처량하게 만들었다.

아침과 저녁이 나오는 한인 민박을 잡은 것도 그러한 이유였다. 밖에서 두 끼를 사 먹는 것보다 밥을 두 끼 포함 한다면 한인 민박이 더 저렴하다고 생각했다. 비가 오거나 너무 추운 날은 아침을 먹고 하루 종일 소파에 누워 비 오는 파리를 바라보거나 사장님과 시시콜콜한 이야기를 하다 사장님 싸 온 점심을 같이 먹곤 했다.

그러다 사장님은 내가 안 나갈 줄 아는 건지 나한테 집을 맡기고 외출하시곤 했다. 종혁! 좀 있다 캐리어 맡겨둔 거 찾으러 한 명 올 거고 새로 손님 한 명 올 거야~ 부탁해~! 점심도 얻어먹고 이따금씩 과일도 챙겨주시는데 이 정도를 못할까 넵!! 다녀오세요! 여긴 제가 지킵니다! 당당히 외치고는 다시 소파에 누워 과일을 먹으며 손님을 맞이하는 게 하루 일과의 끝이었다. 에펠탑도 일주일 동안 2번 밖에 보지 않았다. 그것조차도 한인 민박의 동생들이 억지로 끌고 나가면 터덜터덜 나가 잠깐 보고 오는 것이 전부였다.

더 이상 이렇게 있을 수만은 없었다. 하지만 유럽의 아름다움도 포기하고 싶지 않았다. 그렇게 내가 선택한 행선지는 산티아고 순례길을 걷자! 였다. 포르투갈의 포르투부터 시작해 스페인 산티아고 데 콤포스텔라까지 약 2주가 걸리는 여정이었다. 순례자들을 위한 1박 10유로면 잘 수 있는 공립 숙소 알베르게부터 순례자를 위한 저렴한 메뉴를 판매하는 식당들까지 즐비한 산티아고 순례길을 걷는 게 몸은 힘들어도 내 맘은 더 편할 것 같아! 라는 생각이 들었다. 한국인에게 유명한 길은 스페인하숙에 나왔던 프랑스 생장부터 스페인 산티아고까지 약 32일을 걷는 프랑스 길이었지만 포르투갈의 저렴한 물가가 맘에 들었고 바다를 바라보며 걸을 수 있는 길이라는 말에 혹했다. 사실 안나푸르나 베이스캠프 트레킹 이후 다시는 걷지 않겠다. 나를 힘들게 하지 않겠다. 약속했지만 또 제 발로 힘든 길로 걸어 들어가는 나였다.

그렇게 지체할 시간 없이 포르투로 날아갔다. 첫날 억수같이 오는 비를 맞으며 맥도날드로 가 끼니를 때우며 순례길에 대한 정보를 수집하기 시작했다. 한국인들이 많이 걷지 않는 길이라 구글과 네이버를 오가며 검색한 결과 침낭, 등산스틱 이 필요했고 포르투 대성당으로가 순례자여권을 받고 필요 없는 짐들을 산티아고 데 콤포스텔라의 한인 마트로 택배를 보내야 딱 필요한 짐들만 들고 이 길을 걸을 수 있다는 정보를 입수했다.

바로 비를 뚫고 대성당으로 가 순례자 여권을 받고 옷 안에 품어 비가 젖을까 노심초사하며 빗속을 달렸다. 그러다 핸드폰으로 시간을 보는데 하. 내가 간과한 일이 있다는 걸 알게 되었다. 오늘은 금요일 내일이면 토, 일까지 택배사무실들이 문을 닫는 것이었다. 거기다 택배사무실의 영업 종료 시간이 30분 남아있었다. 오늘 택배를 못 붙이면 토, 일 여기서 허송세월 보내다 월요일이나 돼서야 순례길을 걸을 수 있는 것이다.

숙소로 달리기 시작했다. 달려 따로 빼놨던 순례길 중 필요 없는 짐들을 작은 가방으로 옮겨 담고 다시 택배회사로 달리기 시작해 정확히 5분 전 택배사무실에 도착 할 수 있었다. 혹시나 5분 남았다고 안 해줄까 비에 가득 젖어버린 생쥐 꼴을 하고선 계속 난 웃었다. 광대가 떨려올 때까지 말이다. 웃는 얼굴에 침 못 뱉는다고 해줄 수도 있어. 라고 생각 하며 말이다. 내 생각이 적중 한 것인지 택배를 보낼 수 있었고 안도하며 숙소로 돌아오는 길에 제일 싼 여름용 침낭 하나 와 등산스틱 그리고 우비를 사곤 집으로 돌아왔다.

다음 날 아침 호기롭게 배낭을 메고 오랜만에 크록스를 가방 깊숙한 곳에 넣고 운동화를 꺼내 신었다. 그리곤 비 온 뒤 맑음이라고 했던가. 화창한 날씨와 함께 걷기 시작했다. 산티아고 순례길 표지판을 보며 도시를 얼마나 가로질러 걸었을까 바다를 따라 나 있는 나무 데크 들이 나타났고 수많은 순례자들이 저마다의 형형색색 배낭 위로 조개껍데기 하나씩 달고 걸어가는 모습들이 보이기 시작했다. 아. 나도 저 조개껍데기 살 걸. 5유로가 아까워서 안산 나였다. 보니까 저게 있어야 진정한 순례자 느낌 가득이네!! 헛소리를 혼자 하며 데크 위를 쉼 없이 걸었다. 왼쪽 바다를 바라보면 선선한 바람과 파도가 부서지는 소리, 해수욕을 즐기는 사람들의 웃음소리가 어우러져 배낭의 무게 따위는 신경 쓰이지도 않을 만큼 행복했다. 점심시간쯤이 되어 걷다 보이는 식당에 들어가 치킨 스테이크를 먹고는 다시금 일어나 걸었다. 중간에 벤치가 보이면 바다를 멍하니 바라보며 땀을 식히다 걷기를 반복하다 보니 오늘 목표했던 빌라두콘드 라는 작은 마을에 다 달았고 알베르게에 체크인 했다. 시계를 보니 밥 먹는 시간을 제외하고 장장 7시간을 걸어온 것이다. 정말 다음날이 기대되는 길이었다.

며칠이나 걸었을까 나의 순례길은 단순해졌다.

아침에 눈을 떠 차려져 있는 빵과 햄 시리얼을 우걱우걱 입으로 밀어 넣고 발걸음을 옮긴다. 바다를 보며 걷다 순례길 이정표가 산으로 향해있으면 산을 걷고 도시가 나오면 밥시간에 맞춰 아무 식당에나 들어가 순례자의 메뉴를 시켜 먹었다.

　그렇게 또 7~8시간 정도 걸으면 오후 2시 정도에 다음 마을 알베르게에 들어가는 것이다. 가면 샤워하고 입었던 옷 그대로 손빨래해 탁탁 털어 볕 좋은 곳에 널어놓고는 배낭에 짊어지고 다니는 파스타 면과 마늘을 꺼내놓고 마트에 들려 베이컨 하나 사서는 파스타를 만들어 먹거나 파리 한인 민박에서 함께한 동생들이 순례자길 간다고 한국에서부터 무겁게 들고 다녔을 고추 참치통조림, 고추장 튜브, 스틱커피, 라면 하나씩 두 개씩 모아준 것들을 저녁으로 먹곤 했다. 그리곤 소파에 앉아 순례자들과 가벼운 이야기를 하다 볕이 좋아 바짝 말라버린 빨래를 내일 입을 수 있게 잘 보이는 곳에 두고는 잠드는 게 일상이었다.

또 어떤 날은 네덜란드 여자와 함께 길을 걸었다. 한참을 걸어 스페인 국경을 함께 걸어 넘어갔다. 걸어서 국경을 넘는다는 게 아직도 신기한 나는 네덜란드 친구에게 호들갑을 떨곤 했다. 국경 앞에서 사진을 찍는다거나 하면서 말이다. 정말 다리 하나 건넜을 뿐인데 표지판의 언어가 바뀌고 사람들의 언어가 바뀌었다. 또 내 입에서 나오는 말도 바뀌었다. 국경을 넘기 전 감사함을 오브리가다! 라고, 말하다. 국경을 넘자마자 그라씨아쓰! 라고, 말해야 했다. 이미 순례길이 3번째라는 네덜란드 친구는 나에게 어떤 마음가짐으로 걸으면 좋은지를 알려준다거나 나의 영어를 문법에 맞게 수정해 주고는 했다. 나보다 조금 어린 딸이 있다는 네덜란드 친구?는 나에게 이것저것 가르쳐 주고 싶었나 보다. 순례길을 걷는데 영어 공부와 인생 공부를 함께 할 수 있음에 이 길을 걷기 잘했다. 생각했다.

또 그렇게 걷다 각자 속도가 다르거나 누군가 쉬어 가고 싶다면 부엔까미노를 외치며 서로의 안전한 순례길을 빌어주곤 헤어지면 그만이었다. 다시 혼자가 되어 걷고 있었다. 그런데 갑자기 비가 억수같이 쏟아지는 것이다. 그 와중에 우비는 그간 너무 못살게 굴었는지 다 찢어져 버렸다. 어쩌겠는가. 고민기도 잠시 히치하이킹을 시도했다. 순례자들이 많은 도시라 그럴까. 도로에 차가 지나갈 때마다 엄지를 올리길 5분 만에 첫 번째 히치하이킹에 성공했다. 나이가 지긋한 노부부는 영어를 하지 못했고 난 스페인어를 할 수 없었다. 하지만 항상 웃는 얼굴로 무엇이라 말을 걸어 주곤 했다. 하지만 언어의 부재는 재앙을 불러왔다. 순례길을 벗어나 히치하이킹을 위해 큰 도로로 나갔던 것인데 순례길을 못 찾고 있다고 생각했나 보다. 그렇게 왔던 길을 되돌아와 히치하이킹을 한곳 보다 훨씬 더 다시 뒤로 돌아와 차에서 내려졌다. 하. 이러면 완전히 나가는데. 하지만 이미 5분 만에 히치하이킹을 성공한 나 아닌가 다시 호기롭게 도전했다. 다시금 엄지를 들고 지나가는 차들이 서길 기다리길 다시 10분을 다시 한번 성공했다. 이번엔 영어를 조금은 할 줄 아는 젊은 스페인 친구를 만났다. 퇴근길이라는 이 친구는 내가 가야 하는 마을을 지나가야 본인 집이 나온다며 가다 내려주겠다고 했다. 이번엔 완벽한 성공이라고 자부했다! 그렇게 오늘 하루를 보낼 마을에 도착해 다시 한번 감사 인사를 전하곤 찢어진 우비를 어떻게든 입고선 숙소로 들어왔다.

사실 힘들 것도 없다. 안나푸르나 베이스캠프 트레킹과 비교하자면 산책 수준이라고 할 수 있었다. 또 매일 선선한 바람과 햇살을 맞으며 걷고 입은 옷을 손빨래해 널어두면 몇 시간이면 바짝 말라 있는 이곳은 걷기엔 완벽했다. 하지만 이 길이 힘든 건 꾸준해야 한다는 점이다. 매일 똑같은 일상을 10일을 넘게 해야 한다는 건 사실 고역이다. 때때로 외로움과 무료함이 찾아온다.

사실 다들 여행을 하는 이유는 많겠지만 일상의 무료함에 지쳐서인 사람이 많을 텐데 여행을 떠나와서 또 무료함과 싸운다. 참 아이러니한 점이다.

이 길에서 내가 무엇을 깨달을 수 있을까? 생각하며 걷곤 했다. 왜냐 이름부터가 순례자의 길 아닌가. 걷다 깨달은 게 하나 있다. 경쟁하지 않는 법 사실 나도 그랬고 치열하게 살아가는 우리 한국인들은 경쟁과 완주를 미덕을 생각하고 삶에서 그 둘을 굉장히 중요하게 생각하며 살아가고 있다. 그래서 이 순례자의 길에서 역시 빨리빨리 성격 못 버리고 빠르게 또 꼭 완주를 하려고 노력한다. 사실 나 역시 아직 완주에 관한 마음은 못 버렸다. 하지만 경쟁하지 않는 것을 배웠다. 여기는 산티아고 데 콤포스텔라 라는 목적지는 같지만 무수히 많은 길들을 가지고 있다. 그냥 누군가가 가니까 나도 저기로 가야지가 아니다. 그냥 내가 걷고 싶은 길을 걷는 것이다. 때로는 해안 길로 때로 내륙 길로 또 어쩌다가는 그냥 차들이 도로로 말이다. 정답이 없으니 뭐든 상관없었다. 아니 정답이 산티아고의 도착이라면 정답으로 가는 무수한 많은 길, 과정이 있을 뿐인 것이다. 그 누구도 내가 가는 길이 잘못 됐다고 하는 사람은 없었다. 결국 이 길을 걸으며 내가 깨달은 건 우린 잘 먹고 잘 살자 라는 정답을 위해 살아간다. 하지만 그 길 위에서의 과정은 틀린 것은 없다는 걸 남들보다 느린 것도 빠른 것도 다른 길로 간다는 것도 그냥 다를 뿐 틀린 게 아니라는 걸.

이 여행을 떠나올 때 주변에서의 잔소리 역시 많았다. 이 중요한 시기에 왜 그런 걸 하니, 위험하게 왜 굳이 그러니 등 말이다.

하지만 비가 억수같이 와 좀 더 빨리 알베르게가 있는 마을에 도착하기 위해 순례길을 벗어나 차도의 갓길로 걸어가고 있는데 10분에

한 번씩 지나가는 차들이 나에게 클랙션을 울리며 이 길이 아니야 순
례자길은 저 길이야! 알려줬다. 내가 길을 잃을까 또 잃어버린 것인
가 걱정되었나보다.

　이걸 보니 한국에서 나에게 잔소리하던 사람들은 잔소리가 아니라
내가 길을 잃은 건가, 방황 중 인 걸까, 길을 잃을까 걱정이 되어 누르
는 클랙션 같은 것들이었다는 생각이 들었다.

　순례길의 목적지 산티아고 데 콤포스텔라 대성당 앞에 서 있었다.
　조금은 허탈한 마음도 들었다. 벌써 끝난 거야? 기념사진 한 장 순례자에게 부탁하곤 나의 짐을 찾으려 택배 보내놨던 한국편의점으로 향했다. 아. 내일이나 도착할 줄 알고 짐을 집에서 안 가지고 나오셨단다. 순례길을 5번은 걸으셨다는 사장님과 가볍게 여행 중이라는 이야기를 하다 집에 들어와 걷지 않아도 되는 오늘을 행복해하며 이불 속으로 들어가 미소와 함께 오랜만의 낮잠을 잤다.

낮잠을 자고 일어나 다시 한국편의점으로 향했다. 사장님은 내 배낭을 주시며 짐 보관 비용 20유로 중 5유로를 돌려주셨다. 짐 크기를 보니까 너무 많이 받았더라고요! 이 크기는 15유로에요! 가져가요! 그리고 고생했어요. 막걸리 하나 선물로 줄게요!

이미 블로그 등에서 짐 사이즈별 가격을 알고 있었다. 내짐은 20유로가 맞았다. 하지만 나의 여행을 이렇게라도 응원해 주고 싶으셨나 보다. 자꾸 좋은 사람들만 만나다 보니 가끔은 무섭기도 했다. 대체 어떤 시련을 주시려고 이렇게 좋은 사람들만 만나게 하실까하고 말이다.

난 받은 돈으로 편의점에서 3유로짜리 햇반을 하나 사고 까르푸로가 2유로를 주고 목살 두 줄을 사고 상추, 양파 1유로 치 사고 숙소로 돌아와 막걸리와 함께 구운 고기를 먹으며 순례자 길의 끝을 혼자 자축했다.

Part.8

아프리카

다합은 왜 여행자들의 블랙홀이 되었을까?(이집트)

카이로 여행을 마무리하고 다합으로 향했다.

피라미드와 스핑크스는 경이로울 정도로 크고 아름다웠고 스핑크스의 뒷모습을 보는 일은 마치 누군가의 치부를 몰래 보는듯한 기분이라 꽤나 유쾌했다. 왜냐 앞모습은 늠름한 모습 그 자체지만 뒤는 초라하기 그지없었다. 뒷모습은 마치 대머리 같았다. 생각해보면 한국에서 여러 매체에서 스핑크스를 사진이나 영상으로 다루지만, 뒷모습을 매체에서 담지 않는 이유일 수도 있지 않을까.

유튜브에서 카이로의 엄청난 호객꾼들로 고생했다는 영상들이 무색할 정도로 평화로웠다. 가끔 찾아오는 가이드를 해주겠다. 또는 낙타를 타고 돌아보지 않겠냐는 호객꾼들이 붙었지만 이미 동남아, 인도 호객꾼들에게 단련이 된 몸이 아닌가. 눈 하나 깜빡하지 않고 호객꾼들을 돌려보낼 수 있었다.

물론 호객꾼을 돌려보내거나 대화를 함에 있어 꽤나 단호하게 하게 된 나였다. 이젠 단호하게 말하지 않으면 순순히 물러날 호객꾼들이 아니라는 걸 알기에 그때 나와 피라미드를 함께 구경하던 친구는 나의 단호함에 당황하곤 했다. 하지만 덕분에 평화롭게 피라미드를 제대로 바라봤다는 말을 들을 수 있었다.

밤이 되자 피라미드에 불이 들어오고 깜깜한 곳 저 멀리 봉우리처

161

럼 우뚝 서 있는 세 개의 피라미드와 스핑크스가 빛나는 뷰를 루프탑
바에서 꽤나 한참을 바라봤다.

하지만 나에게 이 이집트 여행에 있어 카이로의 피라미드는 큰 비
중을 둔 여행지는 아니었다. 세계 7대 불가사의를 눈앞에 두고 이게
무슨 소린가? 할 수 있겠지만 여러 여행 중에 만난 배낭여행자들이
입버릇처럼 말하는 곳 다합을 가고 싶어 이집트로 왔다고 말해도 과
언이 아니었다.

자그마한 미니밴을 타고 밤 10시에 출발해 다합은 시나이반도에 위
치한 탓에 테러 등의 위험으로 몇 번이나 체크포인트에 멈춰서 검문
검색을 마치고서야 이른 아침 다합에 도착할 수 있었다.

처음 도착한 다합은 그냥 황량하기 그지없는 사막이었다. 바다는 보
이지도 않았고 도로엔 차들도 없었다. 뭐야. 여기가 다합 맞아? 다이
버들과 배낭여행자들의 블랙홀 다합이냐고!

며칠이 지나자 나는 첫날 나의 투정이 무색하게 음. 다합 여행자들
의 블랙홀 맞네! 인정하고 있었다. 그것도 무언갈 하면서 느낀 게 아
니었다. 아무것도 안 하고 쉐어하우스 쇼파에 대낮에 누워 그 사실을
인정하고 있었다.

참 누군가에게 말하긴 부끄러운 일상을 보내고 있었다. 누군가 듣는
다면 아무것도 안 하는데 대체 뭐가 재밌는 거야? 할 것이다.

한 달을 호기롭게 예약한 쉐어하우스 꿔레요하우스에서 정말 매

일을 아무것도 하지 않으려 노력하는 사람처럼 살았다. 해가 떠 있는 시간에는 쉐어하우스의 누군가가 수영하러 가자! 하면 난 바다가 잘 보이는 곳에 앉아 친구들의 수영을 구경하거나 이어폰을 꽂고 노래를 들었다.

　그러다 윗옷도 입지 않은 채 시장으로 걸어가 식재료를 사곤 돌아와 다 같이 밥을 먹고 밤엔 다시 테이블에 둘러앉아 술을 먹다 지쳐 잠들었다. 다합의 쉐어하우스는 신기했다. 같은 집의 친구들과 모든 일상을 함께했다. 눈뜰 때부터 눈 감을 때까지 함께한다고 해도 과언이 아니었다.

모두 너무 각자의 개성이 강한 여행자들이었지만 우린 그곳에서 하나였다. 다들 바다에서 하는 스쿠버다이빙, 프리다이빙 또는 가벼운 스노클링이 좋아 이곳 다합을 찾고 머무른다. 사실 바다에 가는 것 말고는 할 게 크게 없는 시골마을이기도 했다.

하지만 물놀이를 좋아하지 않는 나였다. 바다는 나에게 가끔 무섭게 느껴지기도 했고 쉴 때는 쉬기만 해야 한다는 생각으로 살아온 나였다. 그런데 쉬어야 하는데 물놀이를 한다? 힘들게 몸을 움직이고 물 위에 떠 있으려 노력을 한다? 나에겐 도통 이해할 수 없는 일이었다. 그런 내가 이곳을 배낭여행자들 블랙홀이라 인정한 건 이 마을의 평화로움 또 아름다움도 있겠지만 함께 한 쉐어하우스 가족들이라 생각했다.

그 어떤 나라의 게스트하우스의 손님들끼리 24시간을 다 붙어 함께 지낸단 말인가 이러한 독특한 형태는 나를 가득 차게 만들었다.

여행 중에 누군가 자꾸 나를 깨운다는 느낌조차 신기했다. 일어나! 밥 먹자! 배고파 밥 먹을 시간이야 또는 카페 가서 바다 멍 하자! 혼자 여행 중인 사람들이 모여 가족이 되었고 서로의 끼니를 걱정하고 혹시 누가 아프다면 다 같이 걱정했다. 실로 내가 아플 때 새벽 2시 누군가는 내 방문을 열고 술 냄새 가득 들어와 형, 아프지 마! 라고, 말하며 한참을 앉아 있다 가기도 했다.

또 어떤 누군가가 아픈 날은 점심시간부터 시장에서 생닭과 마늘 가득 사와 닭곰탕을 하루 종일 끓이곤 살만 다 발라 내주는 이도 있었다.

옥상에 깔린 카펫에 누워 별을 보며 노래를 듣다 서로의 고민을 이야기하기도 했다. 모두 여행자기에 서로의 고충을 이해할 수 있었고 진심을 담아 위로하곤 했다.

 또 노는 것 역시 진심이었다. 매일 저녁의 쉐어하우스 거실 테이블은 술과 함께 매일매일 다음날 뭐할지 고민하는 회의 장소였다. 매일 누구보다 열심히 노는 게 우리의 일상 이자 의무였으니 말이다. 함께 사막한가운데에서 사우나를 하러 갔고 이 아프리카 사막 한가운데에서 사우나를 하리라 상상 이나 했겠는가. 또 요르단 페트라를 보러 무박 2일 투어를 떠나기도 했다.

그러다 심심함이 극에 달하는 날이면 다 같이 모여 장을 보러 가 김밥 재료들을 사와 더자두의 김밥을 무한반복 재생을 눌러놓고 김밥을 싸곤 했다.

아무것도 안 하는 날 조차도 행복했다. 가만히 소파에 누워 있다 옥상으로 자리를 옮겨 카페트에 누워있다 밥시간 되면 밥 먹고 정말 아무것도 하지 않는 그런 하루 말이다.

한국 사람들은 가만히 있는 걸 참지 못한다. 난 가만히 있는 것도 연습을 해야 한다고 생각한다. 왜 항상 무언갈 해야 하는 것인가. 아무것도 안 하면 실패자 나 게으른 사람인 것인가? 아니다. 정말 온전히 아무것도 안 하는 날을 보내보는 건 정말 행복하고 귀한 경험이 될 수 있다고 생각한다. 온전히 나에게 집중하는 그런 하루를 보내는 것 말이다.

바다에 들어가는 것이 너무 싫은 나였다. 하지만 다이버들의 성지 다합 이지 않은가 큰맘 먹고 스쿠버다이빙 어드밴스 자격증까지의 코스를 등록했다.

강사님은 첫 수업 전날 집 앞까지 찾아와 괜찮을 거라고 지금 무섭겠지만 내일 처음 물에 들어가면 좋아질 거라고 다독여 줬지만 걱정이 한 가득이었다. 전날 밤 아. 괜히 등록했다. 자책하며 후. 한숨을 몇 번을 쉬었는지 모르겠을 정도였다.

  고민과 걱정을 한가득 안고 잤더니 피로함이 가득한 상태로 눈을 떠
도살장에 끌려가는 소 마냥 터덜터덜. 억지로 다이빙샵으로 향했다.

  난생처음 물어보는 호흡기와 무거운 공기통이 나를 짓눌렀고 바다
로 한발 한발 내딛는데. 내 맘속엔 불안함과 무서움으로 가득했다.

  하지만 어쩌겠는가. 들어가야지 물 안으로 가득 한참을 얼마나 내
려왔을까 물 안으로 막상 들어오면 주변이 너무 신기하고 예뻐서 불
안, 무서움이 없어진다는 건 거짓말이었다. 물 안은 차갑고 어두웠다
여전히. 하지만 나와 약속한 한 가지가 있었다. 무서움을 느끼는 건
어쩔 수 없다. 생리적인 것이니까 무서워하지 마! 라고 한다고 해서
안 무서워지는 건 아니지 않는가. 대신 어른이라면 무서워도 티 내지

않고 덤덤히 나를 다독이며 해 나갈 수 있는 사람이 되자가 나와 약속한 한가지였다.

그 덕분에 라오스 방비엥에선 엄청 높은 나무에서 물로 뛰어드는 다이빙도 했고 네팔 안나푸르나 베이스캠프 트레킹 중 만난 엄청난 길이의 출렁다리도 무섭지만 의연하게 건넜지 않은가.

무섭다고 주저앉으면 누가 날 끌고 가 성공 할 수 있도록 도와주는가? 아닌 걸 안다. 난 어차피 할 거라면 무서운 것도 티 내지 않고 멋있게 할 수 있는 어른이 되고 싶었다. 30분가량의 첫 다이빙이 끝나고 육지로 올라왔다. 강사님은 나에게 물었다. 어때요? 생각보다 안 무섭고 바다 안은 예쁘죠?!! 그리고 생각보다 너무 잘하던데요? 하기 전에 물이 무섭다고 잘할 수 있을지 모르겠다고 해서 살짝 걱정했는데 너무 잘하셨어요!! 음. 솔직히 아직 무섭긴 한데 견딜 수 있을 것 같아요. 그리고 가끔 예쁜 게 눈에 들어오긴 했어요! 하다 보면 더 좋아지겠죠? 사실 난 알고 있었다. 무서움의 감정이 즐거움으로 바뀌는 건 쉽지 않을 것이라는 걸 말이다.

다음날이 되고 다시 바다 깊은 곳으로 들어갔다. 이젠 꽤나 물속에 적응했고 자유롭게 움직일 수 있었다. 가끔 호흡기가 고장 나서 숨이 안 쉬어지면 어떡하지? 같은 생각이 들 때면 잊으려 헤엄치는 물고기들에 집중하곤 했다.

안에서 잘 움직이기만 한다고 스쿠버다이빙 자격증을 받을 수 있는 게 아니었다. 안에서 마스크가 벗겨졌을 때의 상황을 대비해 직접 마스크를 벗었다가 다시 쓰거나 마스크에 물이 찼을 때를 대비해 직접 물을 채웠다 빼고 갑자기 공기통이나 호흡기에 문제가 생겼을 때 내 호흡기를 떼고 버디의 보조호흡기로 호흡하는 법 등을 배워야 했다.

다른 건 다 순조롭게 진행되었고 다 한 번에 이해하고 성공할 수 있었다. 하지만 문제가 발생한 건 마스크를 벗었다 다시 쓸 때였다. 깊은 바다 속 모랫바닥에 무릎을 대고 앉았다. 벗었다 쓰는 게 뭐가 어렵겠냐며 고민조차 없이 벗었지만, 마스크 때문에, 물에 닿지 않았던 눈 주변 부위가 갑자기 물과 닿으니 급격히 차가워졌고 이놈의 마스크의 밴드는 머리에 끼워질 생각을 안 했다. 당황하기 시작했고 호흡기로 쉬고 있던 숨이 가빠졌다. 계속해서 숨을 급하게 쉬다보니 숨이 잘 안 쉬어지는 느낌이 들자, 패닉에 빠져버렸다. 숨을 제대로 쉬지도 않고 눈도 못 뜨고 물 위로 올라가려 발버둥 치기 시작했다.

그러던 중 시야 앞으로 강사님이 나타났고 나의 양 어깨를 붙잡으며 숨을 쉬라는 제스처를 반복적으로 하고 있는 게 보였다. 그럴 정신이 없었다. 그냥 물 위로 올라가겠다며 위를 바라봤지만 너무 멀었다. 물위는 아직 깜깜했고 그제야 정신이 조금씩 아주 조금씩 들었다. 음. 숨 안 쉬고 이렇게 발버둥 치며 올라가기엔 너무 멀어서 수면위로 올라가기 전에 먼저 기절하겠구나. 오케이!! 정신 차려 보자! 그리고 강사님을 보니 계속 숨을 쉬라는 제스처를 보이고 있었다. 숨을 쉬기 시작했고 강사님은 이때 마스크를 나의 머리에 채워줬고 어느 정도 안정이 되어 마스크의 물을 코로 바람을 흥! 불어넣어 빼내었다.

정신을 차리니 조금은 부끄러웠다. 참.별거 아니었을 텐데. 종혁아 무서워도 티 내지 말고 멋있게 성공하자고 했잖아! 이게 뭐야! 조금 더 수업을 진행하다 강사님에게 나 마스크 벗었다 쓰는 거 다시 한번 하고 싶어요! 라고 행동으로 말했다. 사실 말하자면 다시는 그런 경험을 하고 싶지 않았고 다시 하는 것도 무서웠다. 근데 이젠 도망치고 싶지 않았다.

그렇게 육지로 나와 30분 정도 쉬다 다시 들어가 마스크를 벗고 바다 속을 다니다 다시 쓰는 걸 도전했다. 사실 또다시 패닉이 왔지만 이미 한번 경험한 나지 않은가! 아주 잠깐 몸부림치며 숨을 못 쉬다 금방 정신이 들었다. 음…. 어차피 또 수면으로 못 올라갈 거고. 정신 차리자!! 금방 마스크를 쓰곤 마스크 안의 물을 내보냈다. 바로 다시 한번 도전했다. 이번엔 패닉 없이 쓰겠다며 말이다. 이번엔 멋있게 성공했다. 이번 다이빙은 얼마나 긴장했고 무서웠는지 숨을 거칠게 내쉬었더니 공기가 너무 빨리 닳아 금방 육지로 나와야 했다.

나와 싸우는 걸 좋아하지 않는 사람이었다. 그냥 항상 나와 적당히 타협하며 살았다. 또 나에게 관대했다. 다이어트를 해야 하는데 치킨이 먹고 싶어지면 먹었다. 내일은 적게 먹자며 나와 타협하며 또 게임을 하던 운동을 하던 승부욕이 없었다. 좀 지면 어때! 나에게 관대했다. 하지만 내가 나를 이겨야 할 때는 확실히 이겨야 한다는 걸 안다. 이렇게 되면 나와 적당히 타협하고 관대해도 된다. 이겨야할 때는 절대 포기하지 않고 이겨내기에

그렇게 오픈워터 과정이 끝났고 다음날 어드밴스 과정에 들어갔다.

강사님과 둘이 하던 수업에서 어드밴스 과정을 함께할 버디가 생겼다. 아랍에서 승무원을 하고 있다는 승현과 함께했다. 바다에서 노는 게 너무 좋아 휴가가 시작하자마자 한국도 안 가고 다합으로 왔다는 이 친구는 정말 무거운 공기통을 메고 물 안으로 들어갈 때 표정이 너무 밝았다. 행복해 보였다. 그리고 물 안에서도 너무 행복해 보이는 모습이었다.

난 사실 어드밴스 과정이 끝날 때까지도 물이 무서웠고 무서움을 참아가며 다이빙을 했지만 사람들이 왜 스쿠버다이빙을 하는지, 좋아하는지 어떤 감정으로 이 바다를 대하는지 알 수 있게 해주었다. 난 경험하거나 느낄 수 없는 감정을 이 친구를 보고 있자면 알 수 있었다. 그렇게 나도 조금씩 이 바다를 대할 때의 감정을 알아갔다. 어느 부분에서 즐거움을 느껴야하는지 또 어느 부분에서 행복해 해야 하는 건지 감정은 전염된다고 하던 가 즐거워야 할 때 행복해야 할 때의 느낌을 조금은 알 수 있었다.

그렇게 마지막 수업 날이 되고 바다로 발을 내디뎠다. 부력조절 장치의 공기를 다 빼내 버리곤 제일 먼저 물 안으로 들어갔다. 이젠 바다 안에서 장난을 칠 정도로 여유롭게 마지막 다이빙을 잘 마쳤고 물에서 나와 쉐어하우스로 돌아와 생각했다. 정말 내가 해냈어!! ABC트레킹보다 몇 배는 더 값지고 뿌듯해! 이젠 정말 난 못할게 없을 거야.

그 이후 다합에 더 머무르는 2주 넘는 시간 동안 바다에 들어가지 않았다. 이미 바다에 들어가는 즐거움을 조금은 알았으니 그거면 충분했다. 다시 나의 일상으로 돌아온 것이다.

쉐어하우스에서 누군가와 새로운 인연을 만들었으며 또 누군가와는 계속해서 이별해 갔다.

이별이란 익숙해지려야 익숙해지지 않는 것이지만 각자의 방식으로 이별을 표현했다. 또 다음에 꼭 다시 만나고 싶다는 말을 말 대신 행동으로 표현했다. 누구는 꾹꾹 눌러쓴 편지로 누군가는 작은 선물로 또 누구는 말없이 긴 포옹으로 우리는 여기서 기약 없는 이별을 대처 하는 법을 배우고 있는지도 모른다. 눈뜨고 눈감을 때까지 가족보다도 더 가깝고 친하게 지내다 이별 하는 법을. 다시보기 힘들지도 모르지만, 다음 만남을 기대하며 마음속에 담아 두는 법을.

진짜 아프리카를 만나다(케냐, 탄자니아)

이집트에서 케냐 지도상으로 봤을 때 되게 가까운 나라였다. 밑으로 조금만 내려가면 있는 나라였기에 하지만 비행기는 거리 기준으로 가격을 책정하는 게 아니라며 나를 나무라는 듯 가격이 너무 터무니없었다. 경유해서 가는 비행기를 택할 수밖에 없었다. 거기에다 다시 왔던 곳을 돌아가는 비효율의 끝판왕인 비행기를 말이다.

이집트에서 카타르를 경유해 케냐로 향했다. 도착한 케냐는 정말 블랙아프리카의 시작임을 몸소 느낄 수 있었다. 깜깜한 밤 어디를 둘러봐도 흑인들만이 가득했다. 호객꾼에게 인도에서처럼 짜증을 냈다가는 나 어디로 끌려가 맞는 거 아니야? 생각이 들 정도로 엄청난 키 또 다부진 몸매 어두운 얼굴색으로 표정을 가늠할 수가 없었다. 겨우겨우 빠져나와 택시를 타고 숙소로 향하는 길은 전형적인 깔끔한 대도시의 모습이었다가 갑자기 마치 할렘가를 연상케 하는 곳들이 나오고를 반복했다. 2번의 장시간 비행과 긴장감 속 케냐 시내를 달려 숙소에 도착하니 녹초였다.

다음날이 되곤 내가 진짜 아프리카에 있다니!! 하며 진짜 아프리카의 모습을 보러 나섰다. 아프리카 여행 해보고 싶었다며 마침 그때쯤 시간이 된다고 다합에서의 스쿠버다이빙을 인연으로 알게 된 승현도 비행기를 타고 날아와 합류 했다.

생각보다 케냐의 수도 나이로비는 대도시였다. 한국에서 생각하던 아프리카의 모습이 아니었다. 차를 타고 이동하다 가끔 보이는 판자촌을 제외한다면 대형백화점들이 즐비했고 깔끔한 카페들이 가득 들어찬 높은 빌딩들뿐이었다.

백화점 구경을 하고 현대적인 카페에 가 커피를 마신다거나 코끼리 보호소에 가 저 멀리 코끼리 들이 밥 먹는 모습을 보고 기린센터에서 기린 밥을 주곤하며 열심히 구경했지만 뭔가 부족한 기분이었다.

아프리카까지 왔는데 우린 야생동물은 안보고 한국에서도 충분히 볼 수 있는 우리 안의 동물들 만 보고 있었던 것이다. 그길로 마사이마라 국립공원의 사파리 투어를 떠났다. 진짜 내셔널 지오그래픽에 나오는 야생동물들을 보러 말이다. 우리한테 아프리카의 초원을 생각한다면 세렝게티를 많이 떠올리겠지만 세렝게티 국립공원은 너무 넓어서 탄자니아에 70% 케냐에 30% 국경을 넘나들며 있다. 하지만 유명하다는 건 비싸다는걸 의미한다. 세렝게티 사파리투어의 3/1 가격에 할 수 있는 곳이 바로 세렝게티 중 케냐에 속해 있는 부분이다. 여기를 케냐에선 마사이마라 라고 부른다.

투어를 시작 하곤 한참을 시외로 달려 마사이마라 국립공원 안으로 들어갈 수 있었다. 정말 야생동물들이 쥬라기공원이 생각나는 정말 끝도 없는 초원에서 뛰놀고 있었다. 길을 가다 보면 어슬렁어슬렁 기린 무리가 나타나곤 했다. 동물원에 한두 마리 겨우 있는 기린이 아니라 족히 10마리는 되어 보였다. 또 코끼리 가족은 우리가 신기한지 한참을 차 앞에 서서 우리를 바라봤다.

또 우리의 가이드이자 운전기사는 무전을 어디선가 듣고 차를 몰아
사자가 있는 곳에 데려다주기도 했고 표범이 쉬고 있는 곳에 차를 세
워놓고는 차 안의 사람들이 사진을 다 찍을 때까지 가만히 기다려줬
다. 실로 놀라웠다. 이게 정말 지금 내 눈앞에 있는 게 맞는 건지 의심
이 들 만큼 말이다. 삼면이 바다로 가로막힌 조그마한 나라 한국에선
상상도 할 수 없는 대 초원이었다. 어디를 둘러봐도 지평선이 보이는
듯했다. 그게 끝이라고 해도 감탄을 금치 못했을 것이다. 하지만 거기
에 버펄로, 얼룩말, 기린, 코끼리 들이 끝이 없이 나타났고 셔터 누르
는 걸 멈출 수 없었다.

　하지만 몇 시간을 계속 오프로드만 달리며 덜컹거리는 차 안에서 셔
터를 누르다 보니 난 금방 체력이 방전되고 말았다. 그렇게 해가 질 때

쯤 도착한 숙소는 한국의 글램핑장이 연상되는 숙소였고 원숭이들이
호시탐탐 텐트 안으로 들어와 나의 가방을 노리는 그런 숙소였다. 이
얼마나 자연친화적인가. 숙소의 아프리카식 뷔페를 저녁으로 먹곤 이
미 가득 지쳐버린 나는 원숭이가 뭘 훔쳐 가든 말든 대응할 힘이 없어
텐트 지퍼 가득 닫고선 잠을 청했다.

둘째 날 역시 아침부터 밤까지 초원을 달리며 야생동물들을 봤고
이젠 코끼리, 기린 정도는 나에게 한국에서 지나다니는 길고양이 정
도 대접을 받을 때쯤 투어는 끝이 났다. 다시 나이로비로 돌아오자 그

냥 꿈을 꾼 것 같은 정도의 느낌이었다. 다시 너무나도 대도시로 돌아왔다. 어떻게 한 나라인데 이 정도로 차이가 날 수 있을까. 싶었다.

이 대도시로 돌아오니 다시 한번 느낀 건 한평생 도시에서만 살아온 나에게 있어 2박 3일이나 보낸 마사이마라에서의 하루하루가 너무 소중했다는 걸 느꼈다. 그리곤 생각했다. 언제 내가 그 푸른 초원에서 며칠씩이나 있어 볼 수 있을까. 눈을 뜨면 사방이 초록초록 하고 밤엔 별이 가득 빛나는 그런 곳에서 말이야.

아프리카 정복 3인방 드디어 뭉치다(잔지바르)

비행이 있어 아랍으로 돌아가야 하는 승현과 헤어지고 난 탄자니아 최대 신혼여행지 이자 휴양지 잔지바르 능위비치에 있었다. 그리고 누군가를 기다리고 있었다.

사건의 전말은 이러했다. 다합에서의 아주 평범한 어느 날 늦은 새벽이었다. 쉐어하우스 거실 테이블에 앉아 유병재를 닮은 정호 형과 만 원짜리 위스키에 스프라이트를 무지성으로 말아먹고 있던 날이었다.

정호 형은 사실 네팔 포카라에서 같은 게스트하우스에 지냈었고 ABC트레킹을 출발한 날짜가 하루밖에 차이가 나지 않았다. 트레킹도, 숙박 날짜도 모든 게 하루 차이로 엇갈려 못 만나다 돌고 돌아 이집트에서 만나 함께하고 있는 것이었다.

같은 게스트하우스였다 보니 우리 둘을 둘 다 만난 친구들이 있기 마련이었다. 그중 하나가 바로 내가 네팔에서 만났던 서현이다. 우린 골려 먹을 계획을 세웠고 우린 늦은 새벽 한국은 이른 아침인 걸 확인하고 바로 영상통화를 걸어 백 패킹을 하고 텐트에서 일어난 비몽사몽인 서현을 놀리기 시작했다. 응~부럽지~! 우리 아프리카 갈 거다~! 코끼리 코랑 러브 샷 할 거다~ 너 좋아하는 등산할 거야~ 아프리카에 킬리만자로 있는 거 알지!?^^ 올 거면 와보던가 응~ 못 오지 ~! 우리 부럽지!!^^ 참 유치한 대화였다. 하지만 우리에겐 이 심심한 다합의 새벽 시간을 죽이기엔 충분했다. 사실 정호 형은 아프리카 여행을 할 계획이 전혀 없었고 난 가긴 갈 것 같은데 언제 갈 지 생각조차 안 해봤을 때였다.

충분히 놀리곤 우린 잠에 들었다. 그리고 점심시간쯤 느지막이 일어나 핸드폰을 보다 내 눈을 의심해야 했다. 서현에게 사진이 한 장 와있었다. 무려 탄자니아로 오는 비행기 티켓 말이다. 바로 정호형 방으로 달려가 비상을 외쳤다!! 형 지금 잘 때가 아니야! 비상이야! 비상!! 비몽사몽 눈을 떠 내 핸드폰을 보던 형은 하, 사고네. 조만간 미국 여행 가려고 했단 말이야!! 형 이미 엎질러진 물이야. 여행 계획이나 잡자.

그렇게 난 다합에서 갑작스럽게 결성된 아프리카원정대를 기다리고 있던 것이다. 먼저 정호형이 다합에서 잔지바르로 날아왔다. 겨우 2주 만에 다시 만난 우리는 저녁 요리를 준비했다. 다합에서 매일 물에는 안 들어가고 할 거 없으니 밥이나 하던 둘이라 주방에서 죽이 척척 맞았다. 시장으로 가 냉동 닭을 사고 옆 야채가게에서 감자, 당근, 파, 마늘을 사곤 닭볶음탕을 만들기 시작했다. 다합에서 매일 살아있는 닭을 고르면 털과 내장만 빼고 주던 집을 다니던 우리라 손질되어 있는 냉동 닭쯤은 눈감고도 손질 할 수 있었다.

닭볶음탕이 완성되고 오늘을 위해 공항 면세점에서 사 온 조니워커

레드라벨을 꺼냈다. 분명 한국에선 굳이 안 먹었을 레드라벨. 다합에서 만 원짜리 플라스틱병에 들어있는 위스키만 마셔대던 우리에게는 블루라벨 정도의 대접을 받을 수 있었다.

셋이 쓸 예정이라 큰 집을 에어비엔비로 빌렸던 터라 집은 조용하고 고요했고 잔이 부딪히는 소리만 오갔다. 아 물론 시시콜콜한 이야기와 함께 말이다. 그러다 보면 인간은 같은 실수를 반복한다고 했던가. 한국에서 열심히 날아오고 있을 서현의 아프리카 입성 파티를 준비하자는 말을 시작으로 메뉴가 어묵탕까지 나왔다. 어묵을 파냐고? 없다. 생선을 사와 다지기로 하는 미친 계획을 세웠다. 사실 서현보다 서현의 배낭 절반의 지분을 가지고 있는 소주를 기대한 메뉴 선택일지도 모르겠다.

다음날 눈을 떠 또 우리가 미쳤지. 우리 술 먹고 뭐 하자는 말 다시는 하지말자. 서로 다짐하며 어부들이 잡은 물고기들을 경매하는 경매장으로 향했다. 사실 말이 경매장이지 천장만 겨우 있는 시멘트 바닥에 물고기를 그냥 가득 쏟아놓은 모양새였다. 우린 그중 꽤 큰 생선 하나를 골랐다. 길이가 족히 30cm는 넘어 보였다. 생선 눈알이 내 눈보다 커 보였으니 말이다. 생선을 고르니 대충 비닐봉지에 넣고는 나에게 건넸다. 생선의 꼬리와 지느러미가 밖으로 다 튀어나온 채 말이다. 그리곤 오토바이 택시를 잡아 둘이 한 오토바이에 겨우 타고는 집으로 향했다.

생선의 비늘이 어찌나 큰지 비늘을 벗기는 데만 한 세월이었고 사방팔방으로 튄 비늘이 바닥 가득이었다. 생선포를 겨우겨우 떠 우유

에 재우며 잘 자라 우리 아가~ 자장가를 불러주고는 한 시간쯤 지났
을까 정호 형은 사정없이 생선을 다지기 시작했다. 아마 독채가 아니
라 아파트였다면 옆집에서 분명 민원이 들어올 정도로 사정없이 두

드려 다졌다. 그리고 밀가루, 다진 채소와 섞고는 튀기기 시작했다. 에어컨이 없는 주방에서 둘이 땀으로 목욕할 때까지 말이다. 집 근처 수제 어묵집 사장님이 존경스럽기까지 느껴질 때쯤 우린 어묵을 다 튀길 수 있었고 어묵탕을 끓여두고선 서현을 기다렸다. 또 아프리카에서 소주 파티가 예정되어있는 걸 어떻게 알았는지 다합에서 만났던 동생 준혁도 이날 일정이 맞아 잠시 함께했다.

서현이 도착하고 우린 서현의 배낭을. 아니 서현을 반겼다! 파티의 시작이었다. 어묵탕과 소주 더할 나위 없는 한국이었다. 출국한 지 반년이 넘은 우리에겐 이보다 더 좋은 선물이란 없었다. 정말 새벽이 늦을 때까지 앞으로 어떻게 여행할지에 대해 이야기하고 그간 근황들을 이야기하다. 잠들었다.

다음날이 되어서야 우린 이 아름다운 휴양지 잔지바르의 바다를 보러 나가기로 했다. 정말 엎어지면 코 닿을 거리에 잔지바르 특유의 에메랄드빛 바다가 펼쳐졌다. 끝없는 바다를 걷고 또 걸었다. 바다엔 자그마한 낡은 나무배가 10척은 넘게 바닥에 묶여 두둥실 떠다니고 있었고 그 모습은 마치 영화 캐리비안의 해적에 나올법한 해적선이 줄지어 있는 그런 모습이었다. 아프리카와 세계 최대 휴양지가 합쳐져 나올 수 있는 그런 모습이었다. 깨끗하고 크고 멋있는 배는 여기에 어울리지 않는다는 듯한 대도 볼 수가 없었다. 코앞에 있는 게 바다가 아프리카 최대 휴양지의 에메랄드빛 바다였는데 주방에서 생선과 닭만 보다 이제 보다니.

 그렇게 우린 며칠을 더 잔지바르를 돌아봤다. 앞으로의 아프리카 여행의 고난을 미리 위로받겠다는 변명을 이유 삼아서 말이다.

별이 쏟아진다는 말의 의미 (잠비아, 짐바브웨)

　탄자니아에서 잠비아 루사카로 향하는 비행기를 타기 위한 공항이었다. 탄자니아에서 잠비아까지 가는 40시간 2박 3일이 꼬박 걸리는 타자라 열차가 있었지만 생각 없이 하루하루 보내다보니 기차가 이미 다 매진되어 일주일을 다시 꼬박 기다렸어야 했으니 말이다.

　공항에 도착해 체크인을 하고 있었다. 잔지바르, 다르에스살람을 아무 문제 없이 너무 순조로운데? 이럴 리가 없는데? 생각 하던 참에 문제가 터졌다.

　비행기 출발은 한 시간도 남지 않은 시간 체크인카운터의 직원은 한국으로 돌아가는 티켓 보여줘 없으면 너 비행기 못 타. 이게 대체 무슨 소리인가. 우리 여행 중이라 한국 언제 돌아갈지 몰라. 대신 잠비아에서 짐바브웨로 가는 버스 티켓으로는 안 될까? 하지만 단호했다. 아니 안 돼!　한국 가는 티켓 없으면 너희 못가. 사실 계속 돌아가는 차이나행 티켓을 보여 달라고 했다. 난 몇 번이나 말을 끊으며 이미 직원의 무례함을 상기 시켜주려 하듯 헤이! 코리아 암 낫 차이니즈를 외쳤다. 그렇게 실랑이하기를 십여 분 직원은 다시 말했다. 체크인 카운터 문 닫았어 한국 가는 표 사고 내일 거 타던가. 무책임함의 끝이었다. 우린 다시 매달려야했다. 일단 너무 미안해.(뭐가 미안한지도 모르겠지만 사과부터 해야 했다.) 그리곤 그럼 우리가 아프리카를 아웃 티켓

이 있으면 보내줄 수 있어? 우리 한국은 언제 갈지 몰라. 미국이나 이런 완전히 다른 대륙으로 가는 티켓을 지금 예약할게. 직원은 마지못해 알겠다며 일단 출국심사부터 하고 탑승 게이트 앞에 내가 서 있을 테니 거기서 너희 티켓 확인할 거야. 라고 말하고 떠났고 겨우 우린 잠비아 행 티켓을 받을 수 있었다. 이때부터 전쟁이었다. 출국 심사하랴 급하게 비행기 표를 사랴 말이다. 아마 출국 심사하는 직원은 안절부절못하며 당황해서 말도 제대로 못 하는 나를 보고 붙잡아도 사실 할 말이 없었을 것이다. 난 뜬금없이 뉴욕 행 티켓을 나머지 둘도 엘에이 행, 이집트 행 티켓을 구매했다. 정해진 일정 없이 천천히 돌아보다 아프리카가 떠나고 싶어지면 떠나자고 생각한 여유로운 여행이다 수포로 돌아갔다. 우린 한 달 반 뒤까지 남아공에 도착해야했다.

그렇게 티켓구매에 성공하고 탑승구로 달려갔으나 비행기는 연착. 허탈한 마음도 들었지만 이미 티켓구매에도 성공했고 비행기 탑승도 곧 성공 할 것이지 않은가.

그렇게 비행기에 탑승하고 이륙 준비하는 데 옆자리가 비어있는 자리인 것이다!

이게 바로 병 주고 약 주고 인가 생각에 화가 치밀었지만 금세 이게 여행이지, 여기며 눈을 감았다.

우여곡절 끝에 잠비아 루사카행 비행기를 탄 우린 새벽 2시 잠비아 루사카에 도착했다.

그리곤 바로 잠비아 버스터미널로 향해 빅토리아폭포를 보기 위해 리빙스턴행 버스를 찾으려 했다. 미리 알아보려 해도 아프리카는 블로그 등 정보가 너무 없었다. 버스가 있다 정도만 믿고 젤 큰 버스터미널로 향해 온 것이다. 결국 버스를 찾았지만 1시간 뒤 새벽 4시 버스였다.

버스티켓 약 한화 2만 5천 원을 주고 짐을 트렁크에 싣는 데 돈을 요구해왔다. 돈 줘야 하는 거면 들고 탄다는 내 말에 그냥 무료라고 넣으라고 하는 이놈의 아프리카.

그리곤 버스터미널에서 암 환전을 하러 향했다. 터미널은 야외에 천장 정도 겨우 있는 곳. 흡사 난민대피소? 또는 노숙자들의 잠자리 같았다. 모두 이 겨울의 아프리카가 추운지 두껍고 언제 빨았을지도 모를 더러운 담요를 덮고 옹기종기 모여 웅크리고 자고 있거나 불을 피우고 이야기를 나누고 있었다. 또 어떤 한쪽에선 시끄러운 노래와 추위를 이기기 위해서인지 술을 먹고 나에게 술주정을 부리기도 했다.

그간 너무 관광지 휴양지 아프리카를 봤나. 진짜 아프리카의 현재 어두운 모습을 들춰 본 것 같았다 누구든 우리의 주위로 모여들었고 치노치노 차이나 헤이 쿵푸 쿵푸 알려줘 등 술주정을 부렸다.

그런 생각이 들었다. 나에게 무슨 일이 벌어지지 않았으니, 누군가 아프리카 어때? 여자 또는 남자 혼자 여행하기에도 괜찮아? 묻는다면 안전해! 라고 말할 수 있을 거라고 생각했지만 다시 생각하게 됐다.

버스정류장 안의 노숙자들은 자꾸 말을 걸어왔고 음식이든 뭐든 자꾸만 달라고 나를 따라왔다. 혼자였다면 나조차 무섭지 않았다고 한다면 거짓말이었을 그런 광경이었다.

하지만 여행을 꽤나 해봤다고 자부하는 나이지 않은가! 주변의 나의 버스 예약을 도와줬던 처음 만난 친구에게 음료수를 사주곤 이상한 사람들이 자꾸 나한테 와! 네가 오면 뭐라고 좀 해줘!! 작전은 대성공이었다. 여기에 아시아인이 너희 밖에 없어서 그래. 너무 튀잖아. 그리곤 누군가가 다가오면 쫓아내 버렸다. 난 으쓱했다. 이게 바로 여행자가 음료수 한잔으로 친구이자 보디가드 만드는 방법이다!! 라며 말이다.

그렇게 수많은 주정뱅이를 피해 버스를 타고 기다리다 4시가 되어 시동을 거는데 시동이 걸리지 않는다. 그렇게 기다리길 한 시간 두 시간 6시가 되어서야 시동이 걸렸다. 그리고도 7시까지 출발을 안 하는 것이다.

무슨 일인가 내려 보니 또 사람을 태우고 호객을 하고 있다. 그간 여행들로 내성이 생긴 나라 후 한숨 한번 쉬고 기다렸지만 참 이해하려고 해도 이해되지 않는 일이었다. 그렇게 버스는 결국 화를 참지 못한 우리가 그냥 환불해달라고 화를 낸 후 7시 30분에 출발했다.

그렇게 중간중간 사람들을 다 태우고 내려주고를 반복하다 엉덩이의 감각이 무감각해져 모든 걸 포기하고 싶어지기 직전 오후 4시 리빙스턴에 도착했다.

우린 숙소로 달려 체크인 후 바로 대형마트로 달려갔다. 지금까지 버스에서 하루 종일을 보내 밥 한 끼 못 먹은 우리였다. 목살 한 팩, 햄과 베이컨 그리고 이것저것 재료들을 사곤 돌아왔다. 왜 다 돼지냐고 묻는다면 3주 가까이 무슬림 국가인 탄자니아에서 지낸 우리는 항상 돼지고기를 파는 곳만 보면 미쳐 돼지는 먹어야 해!! 사야 해!! 외치고는 했다. 아직 돼지고기에 대한 갈증이 해소되지 못한 상태였다.

그렇게 사 온 우리는 일사분란했다. 없는 양념을 긁어모아 제육볶음과 부대찌개를 만들어 내곤 방갈로 방 밖으로 테이블과 의자를 꺼내 사 온 맥주로 어제와 오늘 하루 종일 고생했던 서로를 위로하며 한 병또 앞으로의 여행 이미 액땜했으니 좋은 일만 있을 거라며 파이팅 하자며 기대와 설렘과 같이 한 병 먹다 보니 밤이 저물어 갔다.

이렇게 인생 이야기, 각자의 걱정, 근심 다 털어내고 잠들고 눈 뜨면 다시 여행이 시작됐다. 이 아프리카 여행 중 가장 기대되는 아침이었다. 세계 3대 폭포 중 하나인 빅토리아 폭포를 보는 날이었다. 거기다 하루에 국경을 두 개나 육로로 넘는 날이었다.

잠비아에서 초고속 출국심사를 마치고 짐바브웨의 국경으로 향하는 길 하늘에서 비가 내리기 시작했다. 강한 비가 아니라 흩날리는 아주 작은 빗방울들이 바람이 부는 방향으로 흩뿌려지고 있었다. 아. 폭포 봐야 하는데 비 오면 어떡해… 하며 걸어갔다. 점점 더 폭포와 가깝게 말이다. 폭포가 보이기 시작 하곤 알게 되었다. 아! 이게 비가 아니라 폭포 때문에 생긴 거구나? 폭포가 얼마나 크고 넓어야 이렇게 되는 거야? 실로 놀라웠다.

지금까지 내가 본 폭포들은 음 그냥 분수 정도였구나 생각 하게 되는 사이즈였다. 대자연을 보면 무서운 기분이 들곤 했다. 네팔 안나푸르나에 이어 두 번째로 또 그 기분을 느끼고 있었다. 끝없는 물이 바닥으로 곤두박질쳤다. 와. 이래서 세계 3대 폭포라고 하는 거구나. 바로 알 수 있었다.

사실 잠비아 국경에서 보는 빅토리아폭포는 전체 폭포 중 15% 정도만 볼 수 있고 짐바브웨 쪽에서 나머지 모든 폭포를 볼 수가 있어 더 예쁘다고 한다. 안 볼 수 있겠는가? 바로 달려가 매표소에 줄을 섰으나 우린 눈을 의심해야 했다. 현지인 입장료 USD 7 외국인은 USD 50 5달러가 아니라 나미비아 달러 이런 게 아니라 정말 미국 달러로 50달러였다. 후 아프리카는 도둑놈이야 도둑놈 생각하며 심술이나 보지 않겠다며 벤치에 앉았다. 그리곤 생각하는데 아무리 심술이 나도 안 볼 수가 없는 것이다. 폭포의 15%만 봐도 저렇게 예쁘고 웅장한데 나머지 85%를 안 본다니. 울며 겨자 먹기로 표를 사고 입장을 했다.
여기저기 관광객들은 각자의 우비를 입거나 사곤 했다. 하지만 이미 입장료에 50달러를 썼지 않은가. 물? 그냥 맞지 뭐!! 옷은 마르니까!! 다시금 폭포가 보이고 비싸다고 정말 안 들어왔으면 후회할 그런 풍경이었다. 사방이 폭포였다. 여기도 저기도 끝도 없이 엄청난 양의 물이 바닥으로 곤두박질치고 있었다. 정말 우리는 다물어지지 않는 입은 신경도 쓰지 않은 채 폭포만을 바라봤다. 그리곤 이내 정신 차리고 다들 이 순간을 눈에만 담기엔 너무 아깝다는 듯 카메라 셔터

를 연신 눌러댈 뿐이었다.

그렇게 한참을 가랑비에 옷 젖는 줄 모르고 한참을, 폭포를 바라보던 우리는 빠져나와 택시 기사를 잡고 흥정해 폭포 입장료보다 싼 40달러에 짐바브웨와 보츠와나의 국경도시 카중굴라를 향해 한 시간여를 달렸다. 따사로운 햇볕과 창문 밖에서 불어 들어오는 바람이 더해져 완벽한 날씨가 함께 했고 기사님은 나에게 디제이 권한을 넘겼고 옥스선을 내 핸드폰에 연결해 한국노래를 듣다 미친 듯이 따라 부르며 달리기를 반복했다.

오랜만에 정말 여행하는 듯이 바쁘게 다녔고 관광도 하니 그간 나를 힘들게 했던 여행 권태기가 조금은 날아간 듯했다.

보츠와나 카사네에 도착해 며칠 머물다 다시 떠날 준비를 마친 상태였다. 목적지는 가보로네 한국인 사장님이 민박을 운영하시며 나미비아 비자 발급을 도와주신다는 말을 듣고 무작정 가보로네로 향할 작정이었다.

오전 10시 숙소에서 체크아웃 후 저녁 8시 버스 시간까지 식당과 카페를 전전했다. 기다리기를 한참을 해가 져버려 깜깜한 밤을 걸어 버스정류장에 도착할 수 있었다. 버스는 마치 유럽의 장거리 버스들이 연상되는 꽤나 신형의 깔끔한 외관의 버스였다. 오. 아프리카에서 이렇게 좋은 버스 처음 봐!! 하며 호들갑을 떨며 버스 안으로 들어가는데. 다시 그럼 그렇지. 실망해야했다. 버스좌석이 개조되어 한 칸에 5자리씩 꽉꽉 채워져 있어 복도는 더없이 좁았고 마치 닭장 같았다. 이걸 타고 다음 날 아침 7시까지 달릴 생각에 벌써 머리가 어질어질 해졌다.

그렇게 달리고 달리다 버스가 갑자기 멈췄다. 무슨 의미가 있을지 싶은 물이 받아져 있는 통에 발을 헹구고 체크포인트라며 모두 버스에서 내려 걸어 100M 정도를 이동하는 것이다.

그렇게 깜깜한 밤 비몽사몽 걸어 이동하는 데 무심코 하늘을 봤다. 응? 뭐야? 내가 잘못 봤나 싶어 하늘 전체를 360도 다시 둘러봐도 별이 빼곡했다. 이전 이집트에서 또 라오스 시골에서 또 마사이마라 국립공원에서 생각했던 와 이 정도 별은 다시 못 볼 거야라며 감동했던 순간들이 무색해졌다.

그간 별들은 아무것도 아닌 것처럼 느껴질 만큼, 별이 쏟아졌다. 한 껏 하늘로 목을 꺾어 바라보며 생각했다. 아! 별이 쏟아진다는 말이 그냥 비유적, 은유적인 표현이 아니라 정말 쏟아질 수 있어서 나온 말이구나?!! 그리곤 어릴 적 윈도우 배경 화면 중 우주에서 찍은 별이 가득 찬 은하수 같은 사진을 해놓곤 했었는데 이걸 보고 나니 음. 그게 은하수가 아니라 그냥 아프리카에서 찍은 사진일 수도 있겠는데?

나 그리고 우리는 세 걸음 걷다 서 하늘을 바라보기를 반복하며 북두칠성 등 별자리를 애써 찾지 않아도 보이는 하늘에 감탄하다 다시 버스에 올라타 남은 새벽을 달렸다.

보츠와나에서 보낸 며칠(보츠와나)

새벽6시 아니 그보다 조금 더 일찍 우린 가보로네 버스정류장에 도착했다. 이름부터가 생소한 보츠와나라는 나라에 가보로네라는 도시. 흡사 할렘이 연상되는 버스 정류장에 엄청난 택시 호객꾼들과 함께였다. 유심조차도 없었고 예약한 숙소의 주소 하나 달랑 들고 있는 상태였다.

뭐 도착해서 택시 기사 잡고 구글맵 찍으라고 하면 되겠지! 라며 생각한 우리가 안일했다며 스스로를 자책해야 했다. 그 어떤 기사도 스마트 폰은 없었다. 전화는 될까 싶은 핸드폰들만 가득했다.

택시 기사와 숙소 근처를 돌고 돌아서야 캡처 해둔 숙소 사진의 외관과 같은 집을 찾을 수 있었다. 아직 너무 이른 아침이라 숙소 문을 두드리는 것도 미안한 우리는 한참을 망설여야 했다. 벨 누를까. 말까?

호스텔이었다면 상관없이 막 눌렀겠지만. 이곳은 보츠와나 유일의 한국인 사장님이 운영하는 한인민박. 한국인 정서상 이런 이른 아침에 남의 집 문 벨을 누르는 사람을 달가워할 사람은 없다고 생각했다.

하지만 가보로네의 새벽은 아직 춥고 사람 하나 없는 도시는 분위기가 마치 공포 영화의 한 장면 같았다! 어쩌겠는가. 참지 못하고 벨을 눌렀고 안에서는 풍채 좋고 사람 좋아 보이는 표정의 사장님이 우릴 반겼고 집 안으로 들어가니, 마치 명절 친척 집에 놀러 온 딱 한국 같은 분위기 그 자체였다. 우리가 도착했다고 아궁이 대신 벽난로에 장작을 넣어 불을 떼셨고 따뜻한 차까지 내오셨다. 너무 피곤한 우리였지만 사장님 한마디에 두 시간을 더 안 자고 버텨야 했다. 아니 이겨낼 수 없는 유혹의 말이었다. 두 시간 있으면 아침 먹을 꺼여! 차 마시고 좀 씻고 하다가 밥 먹고 다시자!

그렇지! 내가 1박에 5만 원이나 하는 숙소를 잡은 이유는 이거였다. 한식으로 아침 점심 저녁 세끼가 포함돼 있는 곳이었던 것이다. 피곤함을 참고 얼마나 기다렸을까 밥 냄새가 가득 집안을 채웠고 우린 식탁에 앉아 꼬질꼬질한 상태로 밥을 마시기 시작했다. 먹었다는 표현보단 마셨다는 표현이 맞을 정도로 말 한마디 없이 집중했다. 집 분위기부터 맛까지 한국 그 자체였다. 음 아침밥을 먹은 게 아니라 한국이 자꾸 그리워져 오는 마음을 지워주는 약을 먹은 기분이었다.

그리곤 침대로 쓰러져 누웠다. 여기서 우린 사모님의 말 한마디에 한 번 더 감동해야했다. 전기장판 틀고 자요! 이 지구 반대편 아프리카 이름도 생소했던 보츠와나에서 전기장판이라니. 오랜만에 정말 오랜만에 등 따뜻하고 배부른 낮잠을 잤다.

눈을 뜨면 점심 밥상이 차려져 있었고 저녁이면 저녁밥과 사장님이 가지고 있던 술까지 꺼내 매일을 배부른 하루를 보낼 수 있었다. 어떤 날은 집 대문을 아예 안 넘어가는 날도 있었다. 여기만 있어도 하루가 꽉 찼다. 밤이 되면 사진관을 한다는 보츠와나 한인회 부회장님 가족들이 놀러 와 우리와 늦은 밤까지 술을 먹다 돌아가시곤 했다. 우리가 있던 거의 매일 오셨다고 해도 과언이 아니었다.

내가 생각하는 교민과는 달랐다. 태국이나 동남아 등지에서 내가 만났던 교민들은 여행자와의 교류를 꺼리는 사람이 많았다. 우린 여행자랑 다르다. 우린 교민들끼리만 어울린다. 물론 아닌 사람이 더 많을 것이라 생각하지만 이런 생각을 가진 사람들만 봤다 보니 이렇게 며칠 있다가 훌쩍 떠나버릴 우리 같은 여행자를 환영해 주는 부회장님 부부가 너무 감사하게 느껴졌다. 이렇게 열심히 함께 시간을 보내도 며칠 뒤엔 떠나버릴 우리지 않는가. 어떤 날은 집에서 이런저런 술을 들고 오시기도 했고 나이 차이가 무색하게 왁자지껄 이야기를 나누기도 하다 아주 보츠와나에 있는 한인 분들이 모두 모인 듯 왁자지껄 하게 숙소 뒤편 야외에서 바비큐 파티를 하곤 했다. 한국인이 음주가 들어가는데 가무가 빠질 수 있을까 노래방기계까지 등장 했고 새벽까지 노래를 부르고 춤을 춰댔고 마지막엔 부회장님과 서현의 트로트 배틀까지 볼 수 있었다.

며칠을 아무것도 안 하고 보냈을까 이젠 정말 우리는 보츠와나부터 나미비아를 지나 남아공까지 렌터카를 타고 하는 캠핑 여행을 준비해야 했다.

어디를 가던 사장님은 우리와 함께였다. 우리의 유심을 사러 쇼핑몰에 가거나 우리가 먹을 저녁 장을 보러 마트를 가는 일에도 말이다. 어떤 한인 민박에서 이럴 수 있을까. 정말 진심으로 우릴 챙겨주는 게 느껴지는 분이었다. 보츠와나를 떠날 때까지 사장님이 태워주는 차를 안타고는 집 대문 밖을 나선 적이 없을 정도이니 말이다.

첫 번째 준비물은 텐트, 캠핑 테이블, 버너, 식기 도구, 코펠 등 캠핑을 위한 장비들을 사러 집을 나섰다. 사장님은 중국인이 운영하는 마켓들이 엄청 모여 있는 창고형 매장 같은 곳으로 차를 몰았다. 역시 가보로네를 꽉 잡고 있다는 사장님은 달랐다. 여긴 없는 게 없었다.

그 와중 우리의 니즈를 정확히 파악하셨는지 너무 저렴했다. 텐트 만원, 테이블 만원 아니 어떤 걸 골라도 만 원이 넘을 줄을 몰랐다. 나를 제외한 둘은 또 캠핑전문가라 속전속결로 해결되었다.

다음은 식재료를 사는 일이었다. 한인마트는 존재할 수 없는 작은 도시라 역시 사장님은 중국 마트로 차를 몰았다. 아? 중국 마트인데 한국 음식을 다 팔고 있었다. 고추장, 된장, 재패니즈 라이스, 간장 같은. 한식으로 재탄생 시킬 수 있는 한국인 국룰 양념들을 샀다. 라면 10개를 가득 차에 싣고 다시 집으로 돌아왔다.

이젠 렌터카만 해결하면 완벽했다! 하지만 공항으로 향해 알아본 렌터카는 너무 비쌌다. 인터넷으로 알아본 것 보다 훨씬 말이다. 국경을 두 번이나 넘어야 했고 반납 장소가 달라지니 금액은 기하급수적으로 올라갔다.

우린 결정해야만 했다. 더 비싸지만 여기서 빌릴 건 지 한 명이 5시간이면 갈 수 있다는 남아공의 요하네스버그까지 버스 타고 가서 차를 가지고 올라오던지 두 가지 선택권이 있었다. 하지만 우린 가난한 여행자이지 않은가 후자를 선택하지 않을 수 없었다.

정호 형은 다음 날 새벽같이 요하네스버그로 떠났고 우리가 다음날 출발을 위해 짐을 다 싸두고 나머지 필요했던 것들을 사고 집에 돌아와 한참을 기다린 끝에 저녁 시간을 조금 넘기고서야 집으로 돌아왔다. 너무 고생했다는 말과 함께 우린 오늘 우리 다 시켜! 양치도 시켜달라고 하면 시켜줄 거고 물 가져다 달라고 하면 얼음 동동 띄워서 가져다줄게!!

그렇게 마지막 밤이 저물었다. 이른 새벽 우린 일어나 차에 모든 짐을 실었다. 거기다 사모님이 만들어 주신 멸치볶음, 소고기 고추장볶음, 김치, 밥…까지 참. 마지막 날까지 이렇게 친절할 수 있을까 싶은 그런 곳이었다.

여기를 다시 올 수 있을지 모르지만 꼭 한번은 다시 뵙고 싶었다. 기약 없는 약속 하지 않게 된 나였다 나중에 또 올게요! 꼭 다시 올 거예요. 이런 말 이미 그분들도 알고 있을 것이다. 아마 다시 보기 힘들지도 모른다는 것을 하지만 오늘은 하고 싶었다. 꼭 다시 올게요!!

그리곤 해도 뜨지 않은 새벽 사장님과 우리는 마지막 사진 한 장을 찍곤 사장님 없이 처음으로 우리끼리 대문을 나섰다.

우당탕탕 렌터카 타고 아프리카 캠핑(보츠와나, 나미비아, 남아공)

 역할 분담을 하기 시작했다. 각자 뭘 잘할 수 있는지에 맞게 배정해 나갔다. 운전은 한국에서도 수동 차 운전하곤 했다는 정호 형이 요리는 다합에서 바다는 안 들어가고 요리만 했던 내가 또 데이터가 잘 안 터지는 이 아프리카에서 다운받아 둔 노래가 제일 많았던 내가 차량에서의 선곡도 담당했다. 그리고 항상 사진에 진심이고 우리 중에서는 제일 똑똑한? 서현이 사진 담당과 돈 관리를 담당하기로 했다.
 그렇게 첫날 우린 보츠와나에서 나미비아 국경까지 900km 8시간이 넘는 길을 달려야 했다. 그것도 국경이 닫히기 전까지 도착해야 했기에 새벽 일찍부터 가로등 하나 없는 길을 내달렸다.

 첫날이라 모든 게 행복했다. 가는 길의 뻥 뚫린 도로 양옆의 초원도 끝도 안 보이는 지평선 너머까지 이어진 직선도로도 말이다. 노래는 비바의 '청춘'과 더 자두의 '김밥'만 있으면 우린 10시간도 못 달릴 게 없다고 생각했다.
 분명 자유로움을 만끽하려고 떠나온 여행들이 아닌가 하지만 그간 여행은 전혀 자유롭지 못한 순간이 더 많았다. 아니 대부분의 여행이 그렇다고 해도 과언은 아닐 것이다. 12시간이 넘는 시간 동안 좁은 버스 안에 끼여 이동하거나 연착된 버스로 인해 아무것도 못 하고 멍하니 8시간이 넘게 쭈그려 앉아 버스를 기다린다거나 하는 전혀 자유로워 보이지 않는 일들 말이다.

하지만 지금은 확실한 자유였다. 달리고 싶으면 달렸고 서고 싶으면 섰다. 밥을 먹고 싶을 땐 언제든 멈춰서 먹고 싶은 걸 찾아 먹을 수도 있었다. 이게 진정한 자유가 아닐까. 오랜만에 만끽하는 자유에 우린 너무 행복해했다. 창문을 가득 열고 앞뒤 어디를 봐도 차 한 대 보이지 않는 도로에서 노래를 고래고래 따라 부르기도 하다 지쳐 잠들기도 하기를 반복했다.

그러다 해가 지기 직전 나미비아 국경 근처의 캠핑장에 도착할 수 있었다. 하지만 우린 캠핑한다는 것에 들떠 여기가 아프리카라는 사실을 완전히 간과 한 것이다. 내가 꿈꾸던 로망의 캠핑은 고기도 굽고 맥주도 한잔하고 하는 캠핑이었는데 도착하니 정말 주변엔 아무것도 없었다. 작은 구멍가게조차도 그냥 허허벌판에 캠핑장 하나가 다였다. 주변의 마트를 검색해도 한 시간이 넘는 거리에 있었다.

어쩔 수 없이 중국 마트에서 사 온 짜파게티를 끓여 먹고 부족해 소스에 밥 말아 먹겠다는 생각으로 한 밥은 처음 사용해 보는 스토브의 화력 조절에 실패해 냄비 밥은 아래는 다 타버리고 위는 익지 않은 생쌀이었다. 혹시 먹을 수 있지 않을까 조금 먹어봐도 탄 맛이 가득한 안 익은 생쌀이었다.

내일은 미리미리 보이는 큰 마트에서 다 사서 가자!! 실패는 성공의 어머니잖아! 라며 긍정 회로를 돌리고는 우린 하늘을 멍하니 바라보기 시작했다. 주변에 구멍가게 하나 없는 허허벌판은 그 어떤 방해되

는 불빛이 없다는 걸 의미했고 방해되는 불빛이 없다는 건 하늘에 엄청난 별들을 그대로 볼 수 있다는 걸 의미했다. 하늘엔 또 가득 별들로 가득했다. 우린 스토브로 냄비에 율무차를 몇 봉지 뜯어 넣어 따듯한 율무차 한잔에 몸을 녹이며 하늘을 바라봤다. 추워도 이 많은 별들을 놓칠 수 없어 몸을 데우려 율무차를 몇 번이고 다시 떠 마셨다.

작은 텐트 안으로 들어갔다. 하지만 중국 마트에서 매트리스가 비싸다며 안 사 온 게 죽도록 후회되는 밤이었다. 바닥에선 한기가 올라왔고 미친 추위가 찾아왔다. 산티아고 순례길 중 산 여름용 침낭은 전혀 소용이 없어 보였다. 거기다 만 원짜리 중국산 텐트의 지퍼는 첫날부터 부서져 버렸다. 우리의 체온으로 텐트 안을 데워야 하는데 코밑까지 가득 덮고 있는 침낭 위로 찬바람이 계속 들어왔다. 코가 얼 것같은 기분이었다. 그렇게 온몸이 부셔질 듯 하고 잠들 수 없이 떨던밤이 지나가고 아침이 찾아왔다. 사실 더 오래 자고 여유롭게 출발할생각이었지만 차 안이 훨씬 따듯할 거고 히터가 절실한 순간이었다.

차를 타고 얼마나 달렸을까 차의 열기로 히터가 따듯해져 왔고 해가떠올랐다. 평온을 되찾고 다시 우린 시끌벅적 달리기 시작했다. 12시가 조금 넘어갈 무렵 하나둘 배고프다는 이야기가 나오기 시작했다.그럼 우린 언제든 쉬고 싶을 때 쉬고 밥 먹고 싶을 때 먹을 수 있는 자유로운 렌터카 여행자이지 않은가.

길가 큰 나무 밑에 차를 세우곤 트렁크를 열어 캠핑 테이블, 캠핑 의자 펼쳐 두고선 라면을 끓이기 시작했다. 그것도 무려 한국 신라면 말이다. 라면 가득 먹고서는 캠핑 의자에 반쯤 누워 여유를 만끽했다.그리곤 다시 끝없는 초원을 달렸다. 정말 계속 같은 풍경이 이어졌다.내비게이션이 없었다면 계속 같은 길을 돌고 있는 게 아닌가. 착각해

도 이상하지 않을 정도였다.

어제와 같은 실수를 반복하지 않겠다며 캠핑장 도착하기 전에 있는 가장 큰 대형마트로 향했다. 우리의 목표는 분명했다. 삼겹살!! 캠핑은 삼겹살이지! 부정할 수 없는 사실이지 않은가 바로 고기코너로 향해 삼겹살, 목살, 술, 각종 야채를 사곤 해지기전에 도착하기위해 길을 재촉했다.

  난 요리 담당이지 않은가 두 번의 실패는 없다!! 라는 각오로 나의 요리 보조 정호 형과 함께 요리에 들어갔다. 목표는 3끼의 요리를 최대한 빨리 만드는 것이었다. 오늘 저녁밥, 내일 점심 도시락 그리고 내일 캠핑을 할 에토샤 국립공원에는 생고기 반입이 안 된다는 말을 듣곤 내일 저녁으로 먹을 수육까지 만들어 내야 했다.

  오늘의 냄비 밥은 성공적이었고 오늘 삼겹살과 먹을 된장찌개까지 완벽하게 성공시킨 것이다. 바로 내일 점심 도시락으로 제육덮밥을 3개의 도시락에 옮겨 담았다. 드디어 요리 담당으로서 부끄럽지 않은 식사를 준비할 수 있었다. 바로 삼겹살을 구워 술과 함께 캠핑의 하이라이트 바비큐 파티를 시작했다. 별이 꽤나 잘 보일 시간까지 셋만의 파티는 이어졌고 날씨는 선선해졌다. 얘들아! 우리 캠핑 여행하길 잘한 것 같아! 어제의 고통은 이미 잊은 지 오래였다.

  아프리카에서도 역시 그랬다. 일주일 내내 장시간 이동에 에어컨 하나 없는 도미토리를 전전하며 힘들어도 단 하루. 단 하루 행복하면 그걸로 그간의 고통은 없는 게 되어 버렸다. 그리곤 또 그 하루 행복함을 다시 느끼고 싶어 힘든 날을 버티는 여행을 반복했다. 누구는 너무 비효율적이다. 미련하다면 미련한 짓이라고 해도 할 말 없는 일이지만 여행자들에겐 일상처럼 당연한 일이 되어버렸다. 단 하루 느끼는 행복이 한국에서 느낄 수 없을 만큼의 행복인데 뭐가 문제가 되겠는가 말이다.

바람이 선풍기 바람처럼 선선하게 불어오는 날씨 오랜만에 꽤 잠을 푹 잔 하루였다. 하지만 아프리카가 나에게 이렇게 말하는 듯했다. 너 어제 하루 너무 편했지? 행복했지? 다시 고통의 하루 시작해야지? 나미비아에서 가장 유명한 국립공원 에토샤 국립공원으로 향하는 길이었다. 길이 무지막한 비포장도로로 바뀌었고 절대 속도를 낼 수가 없었다. 차는 비포장도로의 파인 홈들을 따라 이곳저곳으로 바퀴가 제멋대로 움직였다. 정말 어디로 튈지 모르는 차 때문에 긴장 가득 안전벨트를 가득 붙잡았다.

그렇게 도착 예정 시간 두 배는 걸려 국립공원 안으로 들어갈 수 있었다. 에토샤 국립공원은 따로 투어 없이 사파리를 즐길 수 있었다. 캠핑장으로 가는 길 내내 얼룩말 떼가 우리 옆을 지나갔고 얼마나 가깝게 지나가는지 얼룩말아!! 부르면 나를 쳐다보기까지 할 정도의 거리였다. 야생동물이 이렇게 가깝게 볼 수 있다니. 이건 천운이야! 너무 행복해!! 길을 가다 기린이 우리의 도로를 가로막고 있기도 했고 우린 숨죽이며 셔터를 눌렀다. 기린이 우리에게 사진 찍을 시간 충분히 줬지? 말하는 듯 우리가 사진을 다 찍으니 터덜터덜 다시 걸어 초원 속으로 걸어 들어갔다.

가젤은 그냥 동네 길고양이처럼 보일 정도로 우리의 차 옆으로 지나다녔고 야생동물을 구경하느라 그 어느 때보다 매의 눈으로 동물을 찾으며 천천히 운전했다. 그러다 보니 일몰이 한창인 시간 캠핑장에 들어설 수 있었다. 텐트 치기는 이젠 눈감고도 친다는 듯 순식간에 아늑한 잠자리를 준비하고 캠핑에서 가장 중요한 밥을 먹을 시간이었다. 캠핑 테이블, 의자, 도마, 칼을 순서대로 착착 트렁크에서 내려놓고는 밥을 하기 시작했다. 오늘의 저녁은 어제 만들어 둔 수육과 비빔국수였다. 중국 마트에서 사 온 소면이 빛을 발하는 순간이었다. 오늘 체력 소모가 컸던 만큼 다들 말도 없이 밥만 먹기 시작했다.

사 온 와인 한잔에 오늘 본 풍경과 야생동물들 너무 신기했다며 호들갑 떨다 보니 해가 넘어갔다.

사실 이곳 에토샤 국립공원 안 캠핑장의 하이라이트는 바로 해가 진 뒤 시작됐다. 캠핑장 옆에는 작게 인공연못을 만들어져 있었고 은은한 주황색 조명이 빛나고 있었다. 숨소리 하나 조심해 가며 인공연못 위로 올라갔다. 바위에 걸터앉아 코뿔소, 코끼리 가족이 물 마시고 목욕하는 걸 실시간으로 지켜볼 수 있었다. 아니 훔쳐보고 있었다가 좀 더 맞은 표현일 것이다. 모두가 숨죽이며 어딘가 걸터앉아 야생동물들의 물 마시는 사생활을 지켜봤고 적막만이 가득한 이곳에는 코끼리의 숨소리만이 들렸다. 그 소리가 어찌나 크던지 소름이 돋았다. 낮에 사파리차량의 엔진, 바퀴 소리에 묻혀 들리지 않았던 소리를 들었다는 것만으로도 이곳까지 온 힘들었던 일들이 거짓처럼 사라졌다.

매일 같은 풍경을 달리는 게 일상이 되어버렸다. 달리다 사막의 오아시스 같이 겨우 카페 하나를 발견한 날이면 자본주의의 상징 같은 아메리카노 한 모금에 감동받곤 했다. 또 매일매일 거의 차에서 있는 시간이 길어지다 보니 다들 점심, 저녁 식사를 기대하는 대화를 하는 일이 많아졌다. 하루 8시간 이상 차에서만 보내는데 유일한 낙이었

다. 우리가 딱 배고플 시간에 맞춰 길에 도시가 나와 식당을 발견할 확률은 제로에 가까웠다. 우린 매일 다음날 도시락을 만들어야 했으니 또 저녁을 뭐 먹을지 다음날 도시락을 무엇으로 할지가 차 안에서 최대 토론 주제였다. 이 마저도 소소한 행복이었을지도 모른다.

　나미비아 최대 휴양지 스와코프문트의 바다를 따라 달리기를 하루를 또 척박한 사막 같은 뷰를 따라 또 하루를 달리다 보니 어느새 나미비아에서 가장 기대했던 듄 45와 데드블레이를 마주할 날이었다. 첫인상은 사막인데. 뭔가 달라. 붉어. 였다. 끝없는 붉은 모래들이 가득한 사막이었다. 모래 언덕도 바닥도 붉은색만이 가득했다.

　예전 여행을 준비하며 본 사진 하나가 있었다. 척박한 사막 위 죽은 나무들이 서 있는 그런 사진 너무 몽환적인 분위기에 매료되어 이번 여행에서 이건 꼭 보겠다고 다짐 했던 곳 중 하나였다. 그런 곳이 한국에서 보던 사진을 넘어 실제로 내 눈앞에 있었다. 정말 사진처럼 앙상한 나무들이 서 있는 척박한 땅 느낌이었지만 그 풍경이 너무 절묘하게 예뻤다. 화사함, 풍족함, 풍성함의 아름다움이 아니라 척박함 속에서의 아름다움이 있다면 이런 느낌이겠구나. 생각이 들었다.

　데드블레이의 감동을 그대로 간직한 채 며칠을 더 달려 나미비아 여행이 끝나고 남아공의 국경을 통과하는 날이었다. 속전속결로 나미비아 국경을 통과하고 남아공 국경에서 입국 도장을 받으려는데 남아공. 우리를 쉽게 받아주고 싶지 않은 것인지 며칠 전 비가 많이 와 도로유실로 담당자 허가가 있는 사람만 입국이 된다는 것이다. 겨우 국

경 근처에 사는 현지인들만 입국이 겨우 되고 있다고 안 될 가능성이 높지만, 연락은 해보라며 출입국사무소 직원은 두 담당자의 번호를 우리에게 주고는 다음 사람을 불렀다. 사정을 대신 이야기 좀 해주면 안 되냐고 묻는 우리의 말엔 대꾸도 안 한 채 말이다.

우린 일말의 희망? 썩은 동아줄이라도 잡아보자는 생각으로 차로 달려가 핸드폰으로 전화를 걸었다. 한 담당자는 사정을 말했으나 왓츠앱으로 내용 남겨 두라는 말만 하고선 전화를 끊어버렸고 다른 담당자는 완강히 안 된다는 말뿐이었다.

그래도 포기하기엔 너무 아쉬웠다. 이미 숙소 예약도 다 했을뿐더러 다른 국경으로 돌아가려면 적어도 6시간은 더 운전해야 했다. 마지막 희망인 왓츠앱으로 담당자에게 메시지를 한 자 한 자 절실함을 담아 적어 보냈다. 결과는 안 된다는 거였다. 우린 계속해서 부탁한다, 안 된다를 반복하기를 한참을 우리의 절실함이 느껴진 건지 정말 기적적으로 그래. 국경 통과할 수 있게 출입국사무소에 전화 해주겠다! 라는 말을 들을 수 있었다. 이건 기적이었다!

그간 오랜 캠핑과 장거리 운전으로 피곤함에 절어 있던 우리는 이 여행을 처음 시작한 그날처럼 힘이 넘치기 시작했다. 그리곤 최고로 행복해했다. 출입국사무소로 달려가 당당하게 입국 도장을 받았고 40분여를 더 달려 숙소에 도착해 서로의 얼굴만 봐도 웃음이 나는 행복한 밤을 보냈다.

그렇게 하루를 더 달려 이 렌터카 여행의 종착지 케이프타운에 다친 사람 없이 안전하게 도착할 수 있었다. 서로를 축하했고 즐거우면서도 고생길이었던 이 여행을 그리워했다. 꾸준함의 힘은 실로 대단했다. 처음 시작하는 날 5,000km를 달려야 도착할 수 있다는 이야기에 너무 먼 미래의 이야기처럼 느껴졌다. 내가 할 수 있을까. 5,000km를 달리는 게 가능할까. 삼면이 바다로 막힌 아니 정확히 위로도 막혀있으니 4면이 막힌 섬나라나 다름없는 작은 나라 한국에서 온 촌놈에 겐 거리감이 가늠조차 되지 않는 거리였다. 하지만 우린 하루하루 꾸준하게 하루 8시간 이상을 내달렸다. 날이 추워도 도로가 좋지 않아도 날이 더워도 배고파도 말이다. 물론 그 속에서 즐거움을 포기 하지 않았다. 우릴 극한으로 몰아붙이지도 않았다. 하루하루 즐거움을 잊지 않을 수 있을 정도로만 또 무리가 되지 않을 정도로 하지만 꾸준하게. 우린 즐거움과 행복함 거기다 도착이라는 성취감까지 가지고 남아공 케이프타운에 있었다.

그리곤 쿨한 짧은 인사를 끝으로 누군가는 뉴욕으로 누군가는 엘에이로 누군가는 다합으로 떠났다.

Part.9

미주

가족이니까 당연한 거야(뉴욕)

남아공 요하네스버그를 출발한 비행기는 8시간 30분을 달려 카타르 도하에 도착했다.

사실 비효율적인 삶이 너무 싫은 나였다. 그 말인즉 남아공에서 미국을 가는데 가는 방향과 전혀 반대 방향인 카타르를 경유해 다시 뉴욕으로 날아가는 지금 이런 경로 말이다.

이런 비효율적인 경로를 선택한 건 다른 이유는 전혀 없었다. 돈 때문이지. 싸게 가려다 보니 이런 경로를 선택할 수밖에 없는 내가 싫었다. 또 지난번 아프리카에서 무리한 한국으로의 아웃 티켓 요구 때문에 급하게 표를 산 것도 화근이기도 했다.

카타르에서 14시간을 더 달려 뉴욕에 도착했다. 엉덩이, 허리 안 아픈 곳이 없었다. 찌뿌둥한 몸에 무거운 가방까지 앞뒤로 나를 짓눌렀다. 말도 안 되게 비싼 공항철도 금액에 한번 놀라고 동남아였다면 커피를 두 잔은 먹었을 지하철 요금에 한 번 더 놀라야 했다. 아니 의기소침해야 했다.

그래도 처음 여행인데 맨해튼에 숙소를 잡아야지!! 욕심을 부렸다. 그러면서도 싼 가격을 포기하지 못했다. 이런 나의 두 마리토끼를 다 잡으려는 욕심은 화를 불러왔다. 1박에 8만 원 도미토리 맨해튼 안에선 젤 저렴했다. 하지만 고작 몇 블록 위는 그 위험하다는 할렘가가 위치했고 한국이라는 조그마한 나라에서 온 나는 센트럴파크 이름부터가 공원인데 그냥 센트럴파크가 바로 옆에 있네!! 그럼 위치가 좋은 걸 거야라고 생각했던 난 너무 큰 오산이었다. 센트럴 파크는 파크라고 부르기엔 미친 듯, 큰 넓이였다. 한강공원이 나의 공원의 기준이었다면 이 센트럴공원은 아프리카 초원만큼 드넓었다.

잘못 잡은 숙소 위치에 한숨 쉬며 터덜터덜 걸어 호스텔에 도착해 체크인 한 나의 방은 엘리베이터조차 없는 건물의 5층 꼭대기 방이었다. 이런 우울한방에 잠시라도 더 있을 수 없다며 난 타임스퀘어로 향했다. 그 티비에서 보던 화려한 타임스퀘어 말이다! 해가 져버린 뉴욕은 이미 밤이었지만 타임스퀘어는 대낮 같았다. 아프리카에서 3달 가까이 있다 온 나는 눈이 빠질 듯 화려하고 반짝반짝 빛나며 구름도 뚫을 높은 빌딩에 입을 다 물 수 없었다. 마치 시골 쥐의 첫 서울 상경 모습이 이랬을 것이다.

한참을 사방팔방을 두리번거리며 걸었다. 와, 미친 화려함에 넋이 안 나가곤 못 배길 정도였던 것이다. 이내 정신 좀 차리자는 듯 맥주를 먹으러 갔지만 가장 싼 맥주가 한잔에 14달러에 육박했다. 한 번 더 아프리카에 있다 온 나는 한잔 이상 마실 수가 없었다. 아니 사실 한잔도 손을 벌벌 떨며 아껴먹어야 했다. 내 앞으로의 가난한 뉴욕 여행이 씁쓸할 게 벌써 말하지 않아도 느껴져서인지 맥주가 씁쓸했던 건지 모르지만 아껴먹던 맥주는 너무 쓰게 느껴졌다.

다음날 난 눈을 떠 덤보로 향했다. 사진으로만 보던 큰 다리가 빌딩

들 사이로 살짝 수줍게 고개를 내밀고 있는 곳 그게 내가 사진으로 본 덤보의 첫인상이었다. 사람들부터 바쁘게 뛰어다니는 걸 볼 수가 없는 여유로움의 나라들에서 느지막하게 일어나 여유로이 여행하던 나는 아침의 밝은 햇살과 부지런히 출근하는 정장 입은 수많은 사람들을 보고 있자니 어색했다. 나만 하릴없는 이방인이었다.

나만 여유로워 보이는 뉴욕의 지하철을 두 번을 갈아타고 한참을 걸어 도착한 덤보는 정말 사진 그대로였다. 사진을 잘 믿지 않는 나였다. 보정한 사진이 실물보다 예쁠 순 없다고 생각했기 때문이었다.

하지만 덤보는 달랐다. 웅장했다. 높은 빌딩들 사이 혼자 물 위에 우뚝 서있는 모양새.

변함없음을 최고의 무기로 삼는 자연경관들보다 시간이 지나도 변함없이 웅장하게 우뚝 서 있을 것 같은 느낌이었다. 100년이 지나고 여기를 다시 찾아도 그대로일 것 같은 느낌 있지 않은가. 자연경관이 아니라 조형물이 웅장하다고 느껴지는 건 고대 유적지를 제외하고는 에펠탑 다음으로 처음이었다.

그렇게 뉴욕의 살인적인 물가에 덤보가 보이는 카페에는 발도 못 붙이고 그냥 마음이 편해야 경관이 더 잘 보이는 거야!! 라며 다독이며 그냥 아무 길가에 앉아 한참을 덤보를 바라봤다 아주 한참을 말이다.

어제 미국에 사는 사촌 동생이 SNS로 메시지를 보내왔다. 오빠 SNS 봤는데 뉴욕이라며? 나 뉴욕에 살고 있어! 내일 일정 따로 없으면 만나자! 라는 내용으로 말이다. 가족이지만 언제 봤는지 까마득한 가족이었다.

 덤보를 한참을 보고 있는 중 연락이 왔다. 나 오늘 일찍 나오려고 오전부터 안 쉬고 빠르게 해서 지금 일 다 끝냈어!! 참 고마운 일이었다. 누군가 자신의 도시에 나라에 여행을 왔다고 해서 무조건 만나줘야 하는 건 아니라고 생각하는 나였다. 그리고 꽤나 피곤할 수 있는 일이라고 생각했다.

 여행자는 열심히 돌아다니고 구경하고 싶을 거고 에너지가 넘칠 거다. 하지만 살고 있는 사람은 일상에 찌들어 일하다 겨우 좀 쉴 시간에 누군가의 에너지를 감당하며 새롭지도 않은 항상 보던 나의 도시를 같이 다닌다는 건 어떻게 피곤하지 않을 수 있겠는가 말이다.

 그렇게 한국도 아니고 맨해튼 한복판에서 우린 만났고 마치 어제 만난 것처럼 우린 인사했다. 그리곤 커피 한 잔 먹으려고 가는데 난 가난한 여행자이지만 오랜만에 보는 동생에게 커피든 밥이든 사주고 싶어 카드를 꺼내 들었다.

 하지만 여긴 나의 동네고 오빠가 놀러 온 거야 여기선 내가 사고 싶어! 한사코 거절했지만 이젠 돈도 벌고 다 컸다고 괜찮다는 말만 되풀이했다. 한참 만에 보는 동생이 겉모습은 예전 그대로인데 안 본 새 많이 커버렸구나 싶은 순간이었다.

 이 역시 쉬운 것이 아니다. 당연한 것이 아니다. 친구라도 가족이라도 자신의 시간을 쓰고 돈을 쓰는 이러한 행동들이 쉬운 것이 아니라는 걸 알기에 마음속에 고마운 마음을 꼭 잊지 않고 간직하기로 마음 먹고 마저 커피 한잔 들고 우린 뉴욕을 활보했다.

뉴욕 구석구석을 다니다 무한도전 뉴욕 편에서 보곤 꼭 하고 싶었던 센트럴파크에서 여유로운 시간 보내보기를 하러 센트럴파크로 향했다. 우린 푸릇푸릇한 공원 벤치에 앉아 실없는 농담과 그간의 근황에 관해 이야기를 나눴고 이따금씩 조용히 공원의 사람들을 바라봤다. 또 지나가는 강아지의 귀여움에 대해 이야기를 나누곤 했다.

그러던 중 사촌 동생은 친오빠에게 전화를 걸었다. 워싱턴에 살고 있는 나와 동갑내기인 친구였다. 전화 내용은 나왔으니까 뉴욕 놀러 와!! 사실 웃으며 해프닝으로 끝날 일이었다. 워싱턴에서 뉴욕까지 기차로 4시간 한국 기준으로 보면 서울에서 부산을 기차 타고 간다면 2시간정도 걸릴 것이다. 그 두 배의 거리를 내가 왔다고 해서 퇴근하자마자 온다? 정말 말도 안 되는 일이었다.

그런데 흔쾌히 나의 가족이자 친구인 용식은 퇴근하고 갈게 라는 말을 하는 것이다.

마음이 이상했다. 나는 솔직히 반대의 상황이었다면 절대 쉽게 결정할 수 없었을 것이고 그때 그 순간 나 스스로에게 질문하지 못했다. 왜냐. 못한다는 대답을 내릴까 봐 내가 내 자신이 부끄러워질까 무서웠다.

그렇게 용식은 6시 퇴근 후 11시가 다 되어서야 뉴욕에 도착해 우릴 만날 수 있었다. 오면서도 늦었다고 뛰어오고 있다는 친구를 어떻게 미워할 수 있을까?

　우리는 만나 가벼운 포옹 후 코리아타운 한국식 포차에서 소주와 이야기를 함께 했다. 술집의 분위기는 정말 한국 그 자체였다. 인테리어 뿐 아니라 뉴욕에서 유학 중이거나 일을 하거나 여행 중인 젊은이들로 가득한 이곳에 있으니 한국에 있는 듯했다. 그 느낌이 주는 안정감은 실로 대단했다. 마음이 안정되니 알딸딸해져 갔다.

알딸딸해진 나는 둘에게 낮엔 낯간지러워 못한 고마움을 표현했다. 나 하나 왔다고 이렇게 둘이나 나를 환영해주는 게 정말 쉽지 않은 일이라고 너무 고맙다고.

하지만 돌아오는 대답은 우리한테는 당연한 일이라고 우린 가족이니 당연한 거라고.

난 머리를 세게 맞은 듯 멍해졌고 난 어떤 삶을 살고 있던 건가 생각이 들었다. 한국에서 나는 내 멋에 살았고 나의 배려는 절대 나의 불편함과는 바꾸지 않고 살아왔었다. 내가 불편함을 느끼지 않을 피해 없을 정도의 배려만 하고 살아온 나였다. 하지만 다음날 출근해야 함에도 퇴근 후 기차를 5시간이나 타고 오는 또는 내일 일을 빼거나 하는 일들은 나를 한 번 더 돌아보게 만들었다.

개인주의의 심장과도 같은 미국에서 살아온 사촌들보다 내가 더 차갑고 정 없는 삶을 살아가고 있다는 생각은 나의 생각을 또 삶을 바꿔보게 노력해 볼 이유로 충분했다.

나 고수를 사랑하게 된 거 같아 (칸쿤)

짧았던 아쉬운 뉴욕 여행이 끝났다.

나의 다합 동거 남녀들과의 남미 여행을 위해 공항으로 향하는 길 위였다.

다합에서 지내던 쉐어하우스의 밤엔 다음 어디 갈 거야? 묻는 대화가 꽤나 일상적이었다. 모두 언제 돌아갈지 모르는 장기여행자가 대부분이었기에. 그때쯤 누군가 나에게 이 질문을 하는 순간엔 난 아마 아프리카 여행 끝나면 남미 가볼까 싶어!! 라고 말하곤 했다. 그때마다 바다가 너무 좋다는 영민과 세상 모든 게 귀찮다는 표정을 하고선 누구보다 바쁘게 여행하는 덕진은 우리도 그때쯤 남미 갈 거 같은데 우리 만나는 거 아니야? 거기서 만나면 세상 신기하겠다. 말하곤 했다.

나의 아프리카 여행이 끝날 때쯤 각자 여행하던 둘은 유럽에서 만나 나에게 전화를 걸어왔다. 남미 진짜 같이 가자고 너 남미 들어갈 날짜 말해주면 맞춰서 들어갈게!! 장난스럽던 대화가 장기여행자를 만나 현실이 되는 순간이었다. 4시간의 짧은 비행 끝에 영민과 덕진을 만날 수 있었다.

아프리카 대륙에서 만났다 다시 중미 대륙에서 만나다니 여행자들의 추진력들이란 대륙을 넘나들게 했다. 우린 두 달만의 만남과 앞으로 함께할 여행을 축하하기 위해 칸쿤에 유일한 한식당을 찾았다. 삼

겹살과 술과 냉면 이 무더운 칸쿤의 날씨를 잊게 하기엔 충분했다. 서로의 근황을 묻고 앞으로 행복하게 여행하자! 이런저런 대화를 나누다 보니 어느덧 식사가 끝났다. 계산서를 받는데 우린 충격에 휩싸였다. 18만원. 무려 18만원. 우리의 만남을 자축한다고 쓰기엔 미친 지출이었다. 오랜만에 만나 서로 반가움에 정신없었는지 가격이 이정도로 나올 걸 상상조차 못한 우리였다.

가게에서 나와 큰 지출에 축 처져 우리, 다시 허리띠 졸라매자. 다짐을 하곤 플라야 델 카르멘으로 가는 버스에 몸을 실었다. 대낮부터 술도 먹었겠다. 버스에서 잠이 솔솔 찾아왔고 잠깐 눈을 감았다 떴다 생각하고는 창밖을 보는데 벌써 플라야 델 카르멘에 도착했다.

　숙소에 체크인하자마자 짐을 던져놓고는 멕시코는 타코지!! 하며 우린 타코집으로 달려갔다. 아니 굉장히 평소보다도 느린 걸음으로 걸어갔다. 미친 습함과 지옥이 있다면 이런 날씨일 거야. 생각이들 정도로 무더움에 걷기만 해도 땀이 비 오듯이 흘렀다. 아니 땀이 나인 건지 내가 땀인 거지 알 수가 없었다고 봐도 무방했다. 식당에 도착하니 땀을 너무 많이 흘린 건지 에어컨 하나 없는 식당에 앉아 메뉴판을 보는데 입맛이 하나도 없었다. 그냥 대충 맛이나 보자는 생각으로 타코 두 개를 주문하곤 연신 콜라만 들이켰다. 주문한 지 5분도 안되어 타코가 나왔다. 엥? 이렇게 빠르다고? 타코엔 다진 고기 위에 고수가 가득이었다. 하. 나 고수 못 먹는데. 안 그래도 입맛 없는데 고수까지 날 괴롭히네 하며 한숨 가득 쉬며 이것저것 양념을 넣어 한입 베어 물었다. 응? 너무 자극적인 맛에 눈이 확 떠졌다. 매운 소스, 양파, 찐한 고기육향, 고수 맛까지 합쳐져 입안에서 팡팡 터졌다. 고수? 맛있네? 없던 입맛이 돌았다. 우린 감탄사만 가끔 내뱉을 뿐 조용하게 이 자극 적임의 집합체를 입안으로 밀어 넣기 바빴다.
　그렇다 그렇게 난 고수 맛을 알아버린 것이다. 그간 태국 여행에서든 고수를 많이 먹는 나라를 여행하며 고수를 싫어한다고 말할 때면

듣는 말이 있었다. 너 어느 순간 고수 맛 알게 되면 못 끊어! 이 맛있는 걸 끊을 수가 없어질 때가 올 거야!! 동의하지 못했다. 나에겐 그냥 샴푸 맛이 나는 채소였으니 말이다. 하지만 난 이제 너무 이해하고 동의할 수 있는 사람이 되었다. 그날 밤 집에 가는 길 들린 대형마트에서 고기를 고르고는 미나리 삼겹살처럼 고기랑 같이 먹자며 야채코너에서 고수를 찾고 있었으니 말이다.

이날부터 매일 점심은 아니 이따금씩 저녁까지도 우리의 주식은 타코가 되었다. 이 물가 비싼 세계 최대 휴양지이자 신혼여행지 칸쿤에선 유일하게 타코만 저렴했다. 아니 이 타코조차 멕시코시티를 가보니 비쌌구나. 느꼈지만 한식부터 현지식까지 모든 게 비싼 칸쿤에서 우리는 타코 말고는 먹을 수 있는 게 없었을 수도 있다. 하지만 다른 걸 먹지 못해도 행복했다. 타코가 있는데 무엇이 문제냐며 말이다.

그렇게 하루하루 마치 매일을 타코 데이처럼 타코 먹고 바다 보고를 반복하다 보니 며칠이 삭제되어 버렸고 그때쯤 덕진이 아무것도 하기 싫다는 표정과는 상반되게 소리쳤다. 이렇게 타코만 먹고 있을 순 없어! 우리 놀러 가자!! 세뇨떼! 봐야 해! 응? 세뇨떼가 뭐야? 난 타코에 빠져 여기 온 목적을 잊어버린 지 오래였다. 어딘지 모르겠지만 하루 종일 미간 잔뜩 찌푸리고 어딜 갈지 어디가 좋은지 관광지 검색만 하는 덕진이 가자는 곳은 무조건 좋을 거야라고 생각하는 나였다. 영민과 나는 그래! 가자! 고민도 없이 대답했다. 근데 어떻게 가는 거야? 라고 묻는 우리에게 덕진은 한숨 가득 쉬며 말했다. 아니 여행 왔는데 좀 알아보고 해야 하는 거 아냐!! 버스 타거나 차렌트 해서 가야 해! 음. 그럼 렌트하자! 렌터카 여행의 행복함을 이미 아프리카에서 경험했기에 나의 선택은 당연히 렌터카였다. 비싼 오토매틱과 싼 매뉴얼 자동차 우리의 선택은 당연히 저렴한 수동차량이었다. 하지만 한국에선 면허를 딴 이후 수동차량을 운전할 일이 없었고 최근 아프리카 렌터카 여행에서 가끔 운전한 게 다였다.

하지만 당당히 수동차량을 빌린 나였다. 몰라 하면 또 뭐 다 되겠지!! 하지만 출발한 지 5분 만에 시동을 3번이나 꺼트려 버렸다. 그게 뭔 대수일까. 우리만의 차가 생긴 건데 이 무더운 멕시코에서 에어컨 가득 틀고 시원함을 만끽 하거나 노래를 크게 틀고 흥얼거리기 시작했다.

휴양지를 살짝 벗어나 달리는 길은 로컬 느낌 가득한 마을들을 지나 갔다. 휴양지에서 관광객을 상대하며 살아가는 멕시코 사람들이 아닌 진짜 일상을 살아가는 사람들이 보였다. 세월의 감이 느껴지는 동네 구멍가게에 선풍기 하나 틀고 여유로운 아니 어쩌면 지루할 하루를 즐기고 있는 표정의 아저씨. 집 앞 마당을 쓸다 어디까지 나온 건지 도로 앞까지 빗자루질을 하고 있는 아줌마 여유로움 그 자체를 보고 있자니 나도 같이 여유로워지곤 했다.

그렇게 몇 시간을 달려 도착한 세뇨떼는 경이로웠다. 동그랗게 뚫린 구멍을 따라 내려가다 보면 바닥 속으로 우물 같이 물이 고여 있고 밑에서 위를 바라보자면 동그랗게 뚫린 천장으로 동그란 빛이 내려왔다. 벽엔 넝쿨이 가득 자라 있곤 했다. 그곳에서 사람들은 수영을 했다. 그러다 이따금씩 둥둥 떠다니며 하늘을 바라봤다.

우리도 지체할 시간이 없었다. 물로 뛰어들어 작은 물고기들과 수영

을 하다 하늘을 멍하니 바라봤다. 그러다 멋지게 다이빙하는 사람들을 보다 박수 치곤했다. 한 인도계로 보이는 작은 아이 하나가 다이빙하려 높은 바위 위에 섰다. 갈팡질팡 물을 바라봤다 다시 뒤로 가기를 몇 번을 우린 모두가 한마음 한뜻이 되어 큰소리로 응원하곤 했다.

한참을 세뇨떼 깊은 동굴 안 물에 둥둥 떠다니던 우리는 나와 근처 작은 마을들을 구경했다. 유럽이 떠오르면서도 멕시코임을 잊지 않게 해주는 건물들 딱 멕시코에서만 볼 수 있을 것만 같은 건물을, 마을을, 풍경을 느리게 걸으며 바라봤다.

돌아오는 차 안 일몰이 시작되고 붉게 물들어 버린 시골길을 끝없이 달렸다. 일몰에 감동하기도 잠시 해가 저물어버리자 도로에 가로등이 없다는 게 보였다. 가로등 하나 없는 캄캄한 도로 고속도로도 아니고 일반국도 하지만 제한속도가 100km가 넘었다. 보이지 않는 길을 100km가 넘는 속도로 달리니 몸은 긴장하기 시작했고 모두가 상향등을 켜고 다니는 게 당연한 건지 나만 잘 보이면 돼! 라는 생각인 건지 반대편의 차 상향등에 앞도 제대로 보이지 않았다. 우여곡절 끝에 돌아온 녹초가 된 나는 침대에 쓰러졌다.

난 누워 생각했다. 음. 왜 예쁘고 좋은 곳들은 이렇게 가기 힘든 곳에 있을까? 그러면서도 나를 나무랐다. 이정도 예쁜 걸 보려면 이정도 고생은 당연한 거야! 힘들어도 오늘 하루 행복했잖아 그게 여행인 거야 종혁아!

영어를 못하면 여행을 못하나요?(멕시코시티)

멕시코 시티로 넘어오고는 오랜만의 대도시 여행을 시작했다. 같은 멕시코가 맞는지 의심이 될 정도로 날씨는 선선해졌고 걸어 다니기 완벽한 날씨를 자랑했다. 아무리 걸어도 땀이 흐르지 않는 날씨는 세상 게으른 여행자인 나도 움직이게 했다. 인터스텔라가 연상되는 도서관을 구경하기도 하고 시장 구석구석 맛집을 찾아다니기도 했다.

밤이 되면 여기저기 펍을 기웃거리기도 했다. 하지만 이번 멕시코 시티에서 최고로 잘한 일은 바로 호스텔을 잘 잡았다는 것이었다. 저가 순으로 검색해 잡은 호스텔임이 무색하게도 너무도 힙한 감성의 호스텔은 매일매일 다른 파티 프로그램을 가지고 있었다. 그것도 무료로 말이다! 무료라니!! 여행 중에 만난 무료라는 말은 나를 설레게 하기 충분했다. 매일 호스텔을 나서기 전 리셉션 옆 벽에 오늘 파티는 무슨 파티인지 적혀있는 종이를 설레는 마음으로 바라보곤 했다. 혼자 여행을 다니는 여행자들에겐 최고의 호스텔이 아닌가! 밤이 되면 호스텔 옥상으로 올라가 그날의 파티를 즐겼다. 무료 데낄라, 맥주데이 등 다양했다.

혼자 여행할 땐 많은 새로운 친구들을 만나고 생기고 했지만 셋이 함께 여행 중인 우린 새로운 친구를 만날 일이 없었다. 이미 우리 셋만으로도 가득 찼고 행복했기에 다른 이들이 들어올 틈이 없었던 것

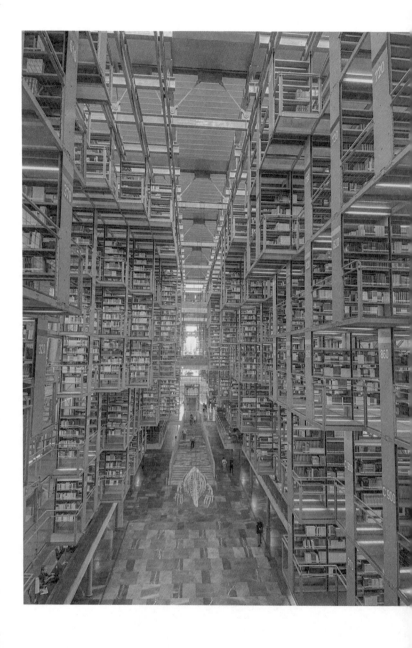

일지도 모르겠다.

 하지만 이곳에선 매일같이 새로운 친구들을 사귀었다. 프랑스, 영
국, 멕시코, 페루 나열할 수 없을 정도로 다양한 국적의 여행자들과
어울렸다. 또 모두가 모두를 기꺼이 두 팔 벌려 환영했다. 이 얼마나
행복한 일인가. 이 호스텔의 루프탑에 있을 때면 전혀 다른 세상에 있
는 듯했다. 이곳만의 분위기 이곳만의 사람들 멕시코 안에서 가장 행
복함 수치가 높을 것 같은 곳이었다.
 헌데 모두에게 같은 기분일까. 그럴 순 없었다. 어느 날 루프탑 파티
에서 러시아의 전쟁으로 고향으로 못 돌아가고 있다는 러시아 친구
세르게이를 만났다. 뉴질랜드, 멕시코, 프랑스, 영국 등 수많은 국가
들의 정상회담이라 해도 무방할 우리 테이블은 시끌벅적 서로 여행
에 대해서 또 자기들 나라와 다른 문화에 대한 이야기가 한창이었다.
세르게이 역시 이야기가 흥미로운지 경청하는 듯했고 곧잘 웃곤 했
다. 아니 그렇게 보였다.
 하지만 세르게이와 대화를 시작하고는 지금 세르게이는 이 대화에
전혀 끼지 못하고 있다는 걸 알게 되었다. 영어를 한마디도 못하는 것
이다. 애석하게도 나머지 친구들과 대화가 안 통하니 그냥 앉아 있다
잘 듣고 있는 척 하다 다들 웃으면 같이 따라 웃은 것뿐이었던 것이다.
 그냥 영어를 못하는구나 하며 넘어갈 수 있었지만 하지 못했다. 나
도 똑같이 웃는 타이밍에 혼자 반 박자 늦게 웃어야 했던 10년 전의
내가 떠올랐다. 10년 전 처음 유럽으로 배낭여행을 떠나 호스텔 파티

에서 나 역시 그들의 영어를 알아듣지 못했다. 내 기준 너무 빠른 영어와 술이 들어간 친구들의 영어는 나에게 외계어처럼 들리기까지 했으니 말이다. 그때 나 역시 세르게이처럼 알아듣는 척. 흥미로운 척. 미소만 짓고 있어야 했다. 그러다 가끔 정말 가끔 알아들을 수 있는 단어가 나올 때면 대화에 껴보려 한마디씩 던지곤 했지만 그럴 때마다 분위기가 찬물을 끼얹은 듯 싸해질 뿐이었다.

이제야 그 분위기를 이해했다. 알아듣기 힘든 발음과 지금 하는 대화 주제와 살짝 벗어난 말들. 현재 대화를 따라가지 못하고 단어 한두 개 정도 알아들으니 당연히 그럴 수밖에 없었을 것이다.

잠시 우리 테이블의 대화를 지켜봤다. 아무도 세르게이에게 질문을 하거나 눈길을 주는 사람은 없었다. 물론 그들이 잘못한 건 하나도 없다. 거기다 절대 이들이 처음부터 말을 걸지 않은 건 아니었을 것이다. 처음엔 어떻게든 쉽게 말해주고 설명해 주려 노력했을 것이다. 하지만 술자리 아닌가. 한명을 계속 챙긴다고 못 놀고 있을 순 없으니 말이다. 그러다 보니 조금씩, 조금씩 소외된 것뿐일 것이다.

예전의 내가 생각나 세르게이를 챙기기 시작했다. 나도 부족한 영어이지만 번역기로 지금 사람들이 어떤 주제의 대화를 하고 있는지를 알려주곤 했고 또 세르게이와 번역기로 시시콜콜한 농담을 주고받았다.

그렇게 놀기를 한참을 10년 전 나의 패기만 넘치던 배낭여행이 다시 한번 떠올랐다. 또 감사해야 했다. 그때 나의 영어 수준에 맞춰 이야기 해주고 못 알아듣는 표정이면 다시 한번 말하곤 했고 내가 한 영

어를 알아듣지 못 할 땐 미안해! 내가 이해하지 못했어, 혹시 다르게 한번 말해 줄 수 있어? 라고 말하며 끝까지 나를 배려하며 놀아주던 친구들에게 말이다.

　그들 역시 끝까지 나와 놀아주진 못했다. 여기 각국의 친구들이 세르게이를 끝까지 놀아줄 수 없는 이유와 같았을 것이다. 한 명 때문에 그 즐거운 술자리에서 번역기를 붙잡고 있을 순 없었을 것이다. 또 번역기를 돌리지 않아도 말이 통하는 친구들이 충분히 많았을 것이다.

여행에 있어 영어는 필수일 순 없다. 영어가 모국어인 나라가 몇이 나 되겠는가. 오히려 영어를 안 쓰는 나라가 더 많다. 영어 한마디 못 하는 나라에 여행을 간다고 해서 식당에서 주문을 못하냐 아니지 않 는가. 화장실을 찾을 수 있지 않은가 하지만 여행이 길어지면 혼자 온 전히 고립된 여행을 하는 건 절대 쉬운 게 아니다. 누군가와 함께 여 행을 하게 되며 함께할 친구들을 찾게 될 거다. 여기서 영어는 큰 힘 을 내보인다. 친구를 만들 수 있는 힘, 내일 일정을 함께할 누군가를 만나게 해줄 힘 영어가 필수가 될 순 없지만. 여행에 있어 너무나도 누군가에겐 절실할지 모른다.

여행 권태기가 온다면 남미로 오라(마추픽추)

마추픽추 하나 보겠다며 페루로 향했다. 처음 도착은 리마의 새벽 5
시였다. 버스는 당연히 없었다. 택시 호객꾼 하나가 나에게 다가왔다.
우버 가격에 태워주겠다며 우버 앱에서 나의 목적지를 적어 그 가격
을 보여주며 말이다. 오! 이러면 좀 믿어볼 만한데? 믿어보기로 했다.
호객꾼과 함께 택시를 타러 향했고 소개해 준 택시 기사의 차에 올라
탔다. 늦은 새벽이었지만 기사는 모든 게 여유롭고 평화로워 보였다.
음. 이번엔 정말 믿어 봐도 될 거 같아! 생각하며 10분여를 달렸을까
이 택시는 큰 차량이라 추가 비용을 내라는 거다. 80솔이나! 택시비
용이 56솔 인데 말이 안 되는 금액이었다.

그럼 그렇지. 이렇게 쉬울 리 없지. 남미 이래서 내가 안 질리고 여
행하는 거지 뭐. 난 더 세게 나가야 했다. 내가 왜 더 내야 해? 나 한 명
인데 내가 큰 차량이 왜 필요해! 난 56솔만 내면 돼 그 이상은 못 내
니까 너 알아서 해!

택시 기사는 또 열심히 번역기를 돌려 나에게 보여주기를 반복했다.
원래 따로 나오는 비용인 거라고 어쩔 수 없다고 하지만 이젠 이 정도
사기에 당할 내가 아니었다. 이런 택시 기사 한두 번 보겠는가 말이다.

한 번 더 단호하게 더 못 내니 알아서 하라는 말을 끝으로 그냥 입
을 닫았다. 그렇게 달리기를 한참을 목적지에 도착했고 기사는 그냥

다 합쳐서 70솔만 달라고 했다. 그것조차 너무 짜증나고 싫었으나 새벽 5시 30분 리마의 어느 낯선 골목에서 더 싸우는 건 위험할 수 있었다. 그래도 달라는 대로 다 주는 건 자존심이 허락하지 않았다. 65솔이 내 라스트 프라이스야 라는 말을 전하며 손에 돈을 쥐여주곤 차에서 내렸다.

여행자가 되고 나선 누군가와 싸우는 일들이 잦아졌다. 한국에선 파도 없이 잔잔한 하루들을 보내는 나였다. 싸울 일이 생기지도 만들지도 않았다. 하지만 여행 중에는 항상 불합리한 상황에 놓인다. 여행 초반엔 진심으로 화가나 화를 냈지만 사실 이제는 응 이제 사기 치려고 할 때 됐지 뭐 하며 화난 척할 뿐이었다. 여행은 날 더 유연하게 만들었다. 또 세상 모든 일에 의연하게 대처할 힘을 만들어 주는 듯했다.

리마에서 볼리비아 비자를 받으려 며칠을 지내다 쿠스코로 이동했다. 진짜 마추픽추를 코앞에 둔 것이다. 마음이 어떻게 급해지지 않을 수 있겠는가. 바로 여행사로 향해 마추픽추가 있는 마을 아구아스 칼리엔테스까지 가는 기차표를 샀지만 그곳에 간다고 해서 바로 당일 또는 다음날 입장권을 살 수는 없다고 하는 것이다. 페루의 학생들 방학 시즌과 겹쳐 방문객이 너무 많다는 게 이유였다. 마추픽추 대기표를 경찰서에 줄을 서 받고 이틀 후 새벽 4시 광장에 나가 기다리다 내 대기그룹의 번호가 호면 되면 표를 사고 마추픽추로 향할 수 있다는 것이다.

경찰서에서 기다리기를 한참을 대기 번호를 받고 숙소에 짐을 풀었다. 마추픽추 하나 보러왔다고 이틀을 여기서 그냥 허송세월 보

낼 순 없지 않은가 아니 그러기엔 이 마을은 너무 예뻤다. 어딜 둘러
봐도 하늘을 찌르는 산이 가득했고 산에 둘러싸인 이 마을은 위에서
부터 아래까지 계곡이 끊임없이 흐르고 계곡으로 끊어진 양쪽 마을
을 몇 개의 다리가 연결하고 있었다. 산에 지어진 마을이라 오르막길

을 따라 집들이 자리했고 그 사이사이를 연결하는 골목들마저 아름다운 곳이었다.

영민과 나는 이 아름다운 곳을 제대로 즐겨보기로 했다. 술 몇 병 사들고 계곡의 흘러감이 젤 잘 보이는 곳에 앉았다. 그리곤 물 흐르는 소리 벗 삼아 가만히 이 동네를 바라봤다. 여행이 길어지니 여행 권태기가 온 영민은 이젠 뭘 봐도 신기하지 않아서 슬프다고. 누구나 꿈꾸는 장기여행자의 남들에겐 말 못할 고충을 나에게 토로했다. 우린 서로의 고충을 이해할 수 있는 같은 길을 걷고 있는 여행자이기에 말이다. 해줄 수 있는 말은 없었다. 여행 권태기 누가 도와줄 수가 없는 감정이었다. 혼자 잘 이겨내길 바랄 뿐이었다. 마추픽추를 보면 너의 마음이 좀 달라질지도 몰라 그러니까 너무 우울해하진 마 우울해한다고 못 보고 지나치기엔 이 도시도 충분히 예쁘니까라는 상투적인 위로 아닌 위로를 전할 수밖에.

그렇게 이틀을 보내다 드디어 마추픽추를 마주할 수 있었다. 사실 그간 나에게 유적지나 관광지들은 매체에 많이 노출된 만큼 실망을 안겨주었었다. 하지만 눈앞에 펼쳐진 마추픽추는 달랐다. 하늘에 닿을 듯 치솟은 산봉우리와 그사이 혼자 덩그러니 버려진 마을 신기함을 넘어 기이하다는 마음마저 들었다. 날씨마저 완벽했다. 이 세계적인 유적지 중앙에서 한가로이 풀을 뜯고 있는 알파카 그리고 누군가 그려둔 듯 찐하게 떠 있는 구름까지.

영민이 여행 권태기로 힘들어할 때 위로만 전했던 나이지만 사실 나도 같은 마음이었다. 뭘 봐도 신기하지 않았고 신기하고 궁금하지 않을 어딘가로 향하는 험난한 길이 즐거울 수 있겠는가. 매일이 장기간 버스와 싸우는 이곳 남미에서 말이다. 우린 여기서 마치 여행 권태기 약을 먹은 것처럼 말끔히 나았다. 마추픽추를 보며 연신 카메라 셔터를 누르기 바빴고 서로의 표정을 봤을 때 이건 확실히 행복함 감정이란 걸 알 수 있었다. 다시 여행 초반처럼 이리저리 신기함 가득한 이 버려진 마을을 구경했다. 또 여기저기 마추픽추가 잘 보일 곳으로 뛰어가 서로에게 사진을 찍어달라고 하기 바빴다.

여행의 권태로움은 장기여행자라면 필연적으로 경험해야 했다. 하지만 얼마나 빨리 그 감정에서 탈출하는지가 중요했다. 우린 누가 도와줄 수가 없는 감정이라 또 처음 느껴보는 감정에 힘들어했다. 특정무언가가 그리워지는 것도 아닌 우리 집 냉장고 안 반찬통이 그리웠고 내 집 신발장에 내 꼬질꼬질한 신발들을 그리워했다. 이따금씩은 더 이상 뭘 봐도 즐겁지 않은 현실에 집으로 돌아갈까 진지한 고민을 하기도 한다.

나는 다음번의 내가 또 영민이가 또 앞으로 여행 중인 누군가가 이 감정을 느끼고 있다면 내가 먼저 그 감정을 겪어봤다고 해서 조언할 수 있는 건 없다. 우울증이 이런 감정일까, 까지 느껴지는 감정들을 그냥 그 누군가가 의연하게 잘 헤쳐나가길 또 최대한 빠르게 그 감정에서 탈출하길 바랄 뿐이다.

우울해 하고만 있기엔 여행 중에 만나는 세상은 너무 아름다운 곳이 많지 않은가 말이다.

Part.10

다시 돌아온 태국

한국보다 기다렸던 태국

치앙마이 한 달 살기를 끝으로 인도를 떠날 때 나의 일기장엔 이런 내용이 적혀있었다.

마음이 싱숭생숭하다. 내가 가장 사랑하는 나라를 떠나야 한다는 게, 그리고 이렇게 지금 떠나면 언제 돌아올지 알 수가 없다는 게. 태국을 돌아오기 위한 여정을 떠나는 사람의 일기 같았다.

실제로도 어딜 가든 태국과 비교하는 습관이 생겼고 실제로도 태국을 그리워하며 여행했다. 여행 중 만난 누군가가 이렇게 여행을 많이 다니셨는데 어디가 제일 좋으셨어요? 난 항상 0.1초의 고민도 없이 태국이요! 또 나와 같은 대답을 하는 여행자를 만날 때면 마치 학연, 지연이 겹치는 사람을 만난 것처럼 묘한 동질감을 느끼곤 했다.

태국이 왜 좋아요? 어디 도시가 좋아요? 질문을 받을 때면 음 전 치앙마이가 좋아요! 했지만 태국이 왜 좋냐는 말엔 좀처럼 대답하지 못했다. 분위기, 느낌, 그곳의 사람들 그냥 싫은 게 없는 곳이었다.

페루 여행을 끝내고도 볼리비아의 우유니 소금사막, 콜롬비아 그리고 미국 엘에이 여행이 남아 있었지만 그건 이미 중요하지 않았다. 태국 갈 날짜만 세고 있는 나였다. 날짜가 다가올수록 나의 기분도 덩달아 같이 좋아졌다.

정말 남미 여행을 다 마무리하고 엘에이에서 태국으로 가는 비행기를 기다리고 있었다.

마치 한국으로 귀국하는 것 같은 기분이었다. 평소엔 잠도 오지 않던 장거리 비행을 너무 편안하게 했다. 마음이 편해지니 장거리 비행의 고통은 느껴지지도 않았다. 12시간 이상을 앉아만 있으니 항상 느끼던 엉덩이가 부서질 것 같은 느낌마저 없었다.

그렇게 방콕 수완나품 공항에 내려졌다. 기분이 이상했다. 한국이 아닌데 모든 게 익숙한 기분 그냥 이 기분을 즐겼다. 언제나 그랬던 것처럼 택시 정류장으로 가 택시를 타곤 람부뜨리로드로 가주세요! 하곤 이어폰을 꽂고 노래를 들으며 갈망하던 이곳을 창밖으로 바라봤다.

그렇게 도착한 람부뜨리 로드의 늘 가던 게스트하우스의 문을 열고 들어가 사장님에게 인사를 건넸다. 안녕하세요~! 너 또 나왔어? 아녀 아직 안 들어간 거예요!! 그리곤 키를 받아 들고선 방에 들어서는데 8인실 도미토리는 텅 비어있었다. 역시 내가 사랑하는 태국은 나를 필히 환영하고 있었다. 8인실 도미토리를 혼자 쓸 확률이 얼마나 된다고 생각하는가.

짐을 아무렇게나 던져두고 공용선반에 아무렇게나 나의 세면도구, 충전기들을 흩뿌려 놔뒀다. 나만 있는데 아무렴 어떤가. 실실 새어 나오는 웃음을 참으며 마을 산책에 나섰다. 내가 사랑하는 람부뜨리 로드는 변한 게 없었다. 또 왔어? 라며 반갑게 인사하는 마사지가게 아줌마 매일 가는 쌀국수집 사장님까지 말이다.

변함없는 이 도시를 즐겼다. 매일 눈을 떠 같은 국수를 먹고 같은 카페를 갔다 같은 마사지 가게에 간다. 그것도 며칠을 말이다. 새로운 것에 지쳤던 난 안정을 찾아갔다. 그러다 훌쩍 내가 제일 사랑하는 도시 치앙마이로 떠났다. 또 다른 변함없음을 즐기러 말이다.

치앙마이에 도착해 공항에서 빠져나와 도심으로 들어오니 변함없는 것들이 계속해서 보였다. 매일 보던 가게 매일 가던 카페 그 앞을 지날 때 눈물이 핑 돌고 말았다. 나 정말 이곳을 그리워했구나. 여행중이지만 이젠 일상으로 돌아온 기분으로 하루하루를 보냈다. 매일 같은 호스텔 1층 테이블에 앉아 친구들과 대화하다 매일 먹던 팟크라파오무쌉(바질돼지고기덮밥)을 시켜 먹곤 밤엔 잠이라는 건 잊은 듯 놀았다. 재즈바로 클럽으로 펍으로 그러다 태국 친구, 한국 친구들을 만나 어디론가 오토바이를 타고 근교로 훌쩍 떠나기도 했다.

여행 중에 마음 편한 집 같은 곳은 있을 수 없었다. 하지만 이 치앙마이 이미 한 달 살기를 해 본 나 아닌가. 내 집, 내 자가용 내 라는 단어가 붙는 것에서 오는 안정감의 힘을 알고 있었다. 더 주저할 이유가 있을까 지금 가장 필요한 게 그 느낌일 텐데 말이다.

바로 한 달 방을 계약하고 자가용으로 오토바이도 한 달을 계약했다. 돌아올 집이 생기고 자가용이 생긴 나는 정말 온전히 나만의 하루하루를 보냈다. 자고 싶으면 자고 일어나고 싶으면 눈감고도 찾아갈 수 있는 식당에 앉아 메뉴판도 안보고 늘 먹던 걸 주문했다. 그렇게 연장해 가며 두 달이 넘는 시간 동안 말이다. 한을 풀 듯 치앙마이를 즐겼다. 익숙해지면 익숙해질수록 이곳을 더 사랑해 갔고 애정이 깊어져만 갔다.

여행이지만 여행이 아닌 이곳, 익숙하지만 이따금씩 새로운 이곳에서 나의 여행을 마무리 하고 싶어졌다. 나의 그간 여행의 수고스러움을 알아주는 듯 하는 이곳 태국에서 말이다.

여행의 이유

 – 깨닫다 이유가 중요한 건 아니었음을

누군가 나에게 취미가 뭐야? 제일 좋아하는 게 뭐야? 라고 물을 때면 난 망설임 없이 난 여행이 좋아!! 여행 좋아해! 라고 말할 수 있는 나였다.

그렇게 시작한 세계여행이지만 막상 다녀보니 여행이 좋아서라는 말이 여행의 이유가 될 순 없다는 걸 깨달았다. 초등학교 때 장래 희망을 적는 칸에 대통령을 적는 것과 다를 게 없는 것이었다. 대통령이 되어서 무언가를 바꾸고 싶어요! 무언가를 하고 싶어요! 같은 이유가 있어야 하는 건데 여행이 좋아요. 나의 대답은 딱 초등학생이 할 만한 대답이었던 것이다.

여행을 다녀보고 알게 된 건 많은 여행자들은 저마다의 이유를 가지고 여행했다. 누구는 페스티벌이 좋아 전 세계의 페스티벌을 보겠다! 라는 당찬 포부를 가지고 여행하거나 또 누군가는 유적지에 관심이 많아 어느 나라를 가던 그 나라의 유적지를 보기 바빴다.

하지만 난 그런 게 없었다. 뭔가 나의 여행에 있어 이건 꼭 봐야 해! 이건 꼭 해야 해! 이런 것들 말이다. 그러다 보니 그냥 남들이 유명하다고 하는 걸 보고 티비에 나왔던 세계사를 배울 때 봤던 남들 다 보는 것들을 똑같이 다 보고 다니는 나를 보게 됐다. 그러면서 나의 여행의 이유에 대해 고민하는 날들이 많아졌다. 난 왜 여행하는 걸까?

뭐가 좋아서 여행하는 걸까? 이여행이 끝나갈 때쯤이 되면 저절로 깨닫고 알게 되는 걸까? 하며 말이다.

그러다 어느 날 호스텔 1층 책장에 꽂힌 김영하 작가님의 여행의 이유 책이 보였다. 한국에서 이미 한번 읽은 책이지만 그 책 제목조차 나에겐 다르게 다가왔다. 그래! 이걸 보면 나의 여행의 이유를 알 수도 있지 않을까? 정말로 한국에서 읽었던 것과 다르게 느껴졌다. 한 문장 한 문장이 말이다. 그러다 페이지를 중간쯤 넘겼을 때 난 내가 찾던 해답을 찾을 수 있었다. 나의 여행의 이유를 찾았다고 하기보다는 여행의 이유를 꼭 찾을 필요 없다는 해답을 찾았다.

누군가 여행을 왜 좋아하냐 물었을 때 말하는 외면적 목표 예를 들어 하와이에서 서핑을 하겠다. 다합에서 프리다이빙을 배우겠다. 인도 리시케시에서 요가를 배우겠다. 등을 이야기하곤 한다고 한다.

하지만 외면적 목표보다 여행을 하다 보면 뜻밖의 사실을 알게 되고 그것을 통해 깨달음을 얻는 다고 적혀있는 것이다. 그 외면적 목표에 도달하는 것보다 더 중요한 자신과 세계에 대한 놀라운 깨달음을 얻게 되는 것이라고 말이다.

여기서 더 이상 나의 여행을 이유를 찾을 필요가 없어졌다. 나의 여행이 아직 끝나지 않았음에도 이 여행을 통해 무언가를 깨닫고 나의 한국에선 변하지 않았을 가치관이나 나의 세계가 이미 변했음을 느끼기에 나에게 있어 여행의 외면적 이유는 따로 만들거나 찾으려 노력할 이유는 없어진 것이기에.

평범함 그리고 여행의 끝

 비행기 굉음이 시작되곤 난 눈을 감았다. 아, 진짜 이날이 오긴 오는구나. 300일이 넘는 여행 동안 가장 기다려 왔던 날이 아닌가. 섭섭할 줄 알았던 나의 감정은 행복함과 설렘 그리고 성취감으로 가득 차 있었다.

 도착할 때까지는 정답이 무엇인지 모르는 길을 가본 사람들은 알 것이다. 예를 들어 공무원 시험을 준비 한다던가 작가가 되기 위해 원고를 작성하는 일 말이다. 합격 또는 출판사 계약이라는 도착지에 도착하기 전까지는 내가 맞게 가고있는 건지 무엇이 정답인지 알 수가 없다.

 내 여행도 그랬다. 무작정 여행을 다녔지만 이렇게 여행만 하며 다녀도 되는 건지 이 긴 기간 동안 여행하며 뭐라도 남겨 가야 하는 건 아닌 건지 여행의 끝이 도래했을 때 내가 틀렸다고 느끼진 않을지 말이다.

 하지만 나의 고민을 한 번에 날려준 순간이었다. 이 여행을 끝내고 귀국 행 비행기에서 행복함과 설렘 또 성취감까지 느끼고 있지 않은가. 내가 틀리지 않았다는 걸 스스로 입증 한 셈이었다.

 공항을 빠져나와 느끼는 선선한 가을 날씨는 냄새, 온도, 습도 모든 게 한국이 나를 반기고 있음이 확실했다. 이제 내가 있던 자리, 위치로 돌아갈 시간이었다. 다시 평범했던 나의 일상으로 말이다. 평범함이 싫어 떠난 여행의 끝에서 내 발로 다시 평범한 나의 자리로 돌아가고 있는 기묘한 모습이었다. 하지만 이젠 평범함이 무섭지 않았다.

평범한 사람이란 말은 누가 정하는 것일까? 세계여행이 꿈인 어떤 이는 나를 보고 특별한 사람이라 말할 거다. 또 한국에서 만나게 될 여행에 관심이 없는 어떤 이들은 나에게 특이한 사람이라 말할 것이고 나보다 여행을 더 오래 한 사람들에겐 난 그저 평범한 사람들 중 하나일 것이다.

그렇다면 난 특별한 사람, 특이한 사람, 평범한 사람 중 무엇일까? 한국에 돌아와 내가 내린 결론은 셋 다였다. 평범하다가도 특별해지기도 특이해 지기도 하는 것이다. 평범함이 싫어 특별해지고 싶어 떠난 여행에서 난 평범해도 괜찮다는 걸 배워왔다.

특별하지 않아도 괜찮음을 말이다. 때론 누군가에게 특별한 사람이 되기도 하고 특이한 사람이 되기도 하는 이 세상을 이해하기 시작 한 것이다.

여행을 끝내고 일상으로 돌아왔다. 모든 게 그대로였지만 단 하나 변한 게 있었다. 서른을 눈앞에 두고 있다는 것이다. 사무실 책상을 박차고 나가게 만들었던 나에게 한 질문을 다시 한번 생각해야 했다.

서른이라는 나이가 나에게 찾아왔을 때 기꺼이 두 팔 벌려 환영 할 수 있어? 서른을 눈앞에 둔 지금 난 언제든 환영할 준비가 돼 있었다. 귀차니즘의 끝을 달리던 내가 태국 치앙마이에서 타이 마사지 자격증을 따고 물 공포증이 있는 내가 이집트 다합에서 스쿠버다이빙 자격증을 땄고 걷는 걸 죽어도 싫어하던 내가 네팔 안나푸르나 베이스 캠프 트레킹을 하고 포르투갈에선 산티아고 순례길까지 걸었다. 침대 아니면 못 자던 내가 아프리카에서 텐트 하나에 의지해 캠핑 여행까지 했다. 마지막으로 안정 추구형으로 변하지 않는 삶을 살아가던 내가 316일 간의 세계여행까지 마쳤다.

그렇다고 무섭고 싫은걸 좋아하게 된 건 아니었다. 하지만 싫은 것도 무서운 것도 이겨낼 힘이 생겼다. 도전한 건 하나도 빠짐없이 성공해낸 내가 아닌가. 그리고 싫고 무서운 순간 중간중간 즐길 수 있게 된 나였다. 내가 생각한 멋있는 30대 어른이 된다는 건 그랬다. 무섭고 싫은걸 멋있게 해낼 수 있는 그런 사람. 그렇다면 난 이미 서른이 와도 두 팔 벌려 환영할 수 있는 사람이라 자신했다.

기꺼이 서른을 맞이할 여행

초 판 1 쇄 2024년 1월 25일
지 은 이 신종혁
펴 낸 곳 하모니북

출판등록 2018년 5월 2일 제 2018-0000-68호
이 메 일 harmony.book1@gmail.com
홈 페 이 지 harmonybook.imweb.me
인스타그램 instagram.com/harmony_book_
전 화 번 호 02-2671-5663
팩   스 02-2671-5662

979-11-6747-147-5 03980
© 신종혁, 2024, Printed in Korea

색깔 있는 책을 만드는 하모니북에서 늘 함께 할 작가님을 기다립니다.
출간 문의 harmony.book1@gmail.com